Baars
Leading Design

Leading Design

Design strategisch einsetzen:
Wie Unternehmen das
volle Potenzial entfalten!

von Jan-Erik Baars

Verlag Franz Vahlen München

Zur Zeit leitet Prof. Jan-Erik Baars den Studiengang Design Management an der Hochschule Luzern (HSLU), Schweiz. Darüber hinaus ist er Berater und unterstützt Unternehmen in der effektiven und umfassenden Nutzung des Designs. Zuvor war er bis 2011 für das Designmanagement der Deutschen Telekom in Bonn verantwortlich. Er begann dort 2009 nach über 19 Jahren bei Philips, wo er als Industriedesigner und zuletzt als Leiter Design tätig war.

ISBN 978-3-8006-5639-4

KONZEPT, GRAFISCHE GESTALTUNG, ILLUSTRATION

Peng Peng – Klaus Fromherz & Martin Geel, Luzern
www.pengpeng.ch

DRUCK UND BINDUNG

CPI – Ebner & Spiegel GmbH
Eberhard-Finckh-Straße 61, 89075 Ulm

Gedruckt auf säurefreiem, alterungsbeständigem Papier
(hergestellt aus chlorfrei gebleichtem Zellstoff)

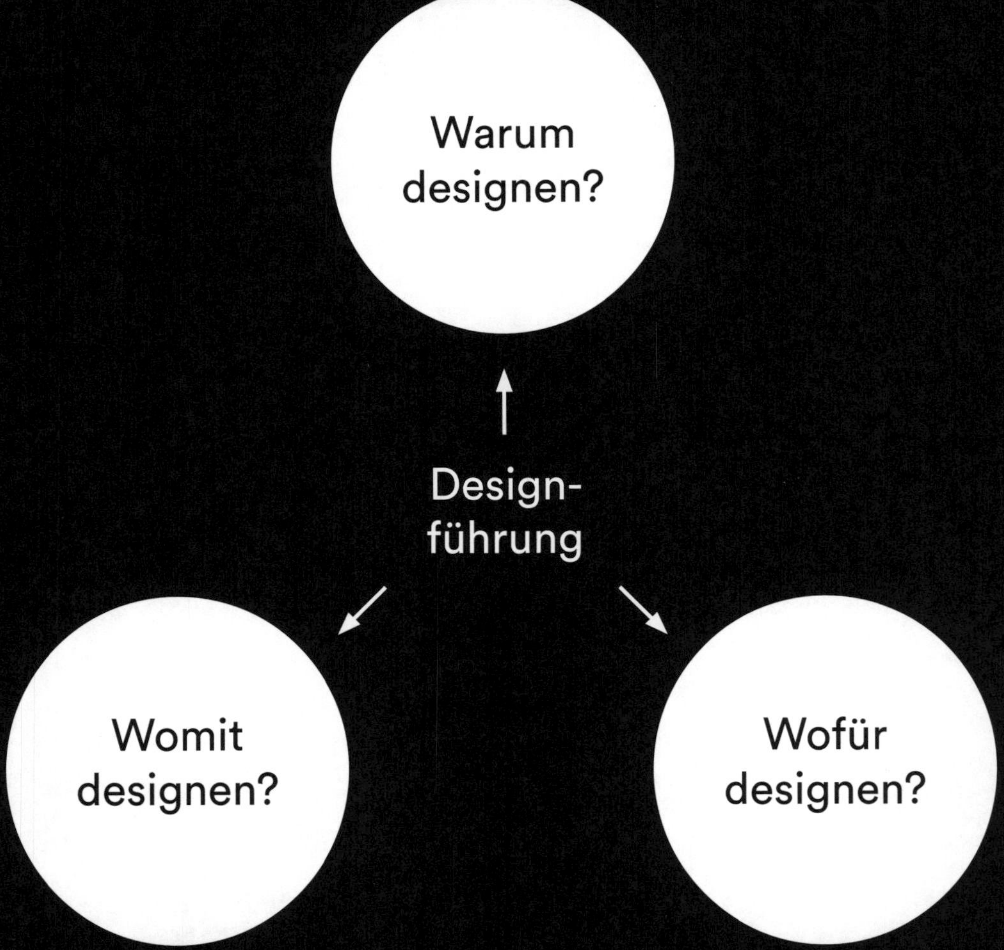
Warum designen?
Design-führung
Womit designen?
Wofür designen?

a. Warum muss man Design führen?

Jeder von uns ist mal in den Genuss gekommen, wirklich gute und leider auch richtig schlechte Gastgewerbe besucht zu haben. Dabei ist es völlig egal, um was für eine Art von Restaurant es sich handelt: Jedes Erlebnis kann eines sein, an das man sich noch Jahre lang erinnert – im Guten wie im Schlechten.

»Gute« Erlebnisse werden dabei von bestimmten Aspekten gekennzeichnet, die jeder, wenn er danach gefragt wird, sofort nennen kann: Stimmigkeit, passende Qualität, passender Preis, angenehme Atmosphäre usw. Diese Aspekte sind nicht nur an das »Produkt«, das Essen und Trinken, gebunden, sondern sind quasi universell anwendbar, auf das gesamte Erlebnis. Das Steakhaus in der Stadt, die Jausenstube am Urlaubsort, das Haubenlokal oder der Italiener an der Ecke, ja, sogar die Pommesbude am Bahnhof: Alle diese Formen taugen dazu, in die Kategorie »Lieblingsrestaurant« aufgenommen zu werden. Sie müssen halt die Kriterien für »Lieblings« erfüllen...!

Was im Gastronomiegewerbe einleuchtend, logisch oder sogar trivial erscheint, wirkt in der Welt der Produkte und Dienstleistungen wie die hohe Kunst des Unternehmertums. Viele Unternehmen, die ihre Wertschöpfung über das Entwickeln und Vertreiben von Produkten und Dienstleistungen erwirtschaften, kämpfen mühsam mit diesen Aspekten, von denen wir einfach wissen, dass sie die Grundlage für den wirtschaftlichen Erfolg bilden. Viele Unternehmen sind anscheinend schlicht unwissend oder unfähig, diese Aspekte in ihren Organisationen zu verankern sowie in ihren Aktivitäten anzuwenden, und erzeugen dementsprechend Angebote, die, wenn sie einmal konsumiert werden, sofort in der Kategorie »nicht zu empfehlen« landen.

Als Konsument oder Kunde können wir endlose Beispiele von Produkten und Dienstleistungen nennen, denen es offensichtlich an jenen Aspekten mangelt: Sie sind in sich nicht stimmig, halten nicht, was sie versprechen, sind im Preis nicht angemessen oder bieten nicht den Service, den man erwartet. Da wünscht sich manch einer »die Kochprofis« her, damit die sich auch mal diese Unternehmen (oder Organisationen) vorknöpfen und dort gehörig aufräumen!

Leider gibt es für Unternehmen »Profis« in dieser Form nicht: Das, was ihnen am nächsten kommt, sind die vielen Beratungsunternehmen, die gerufen werden, wenn es nicht rundläuft. Diese setzen jedoch selten beim Kundenerlebnis an, sondern räumen vorrangig in der »Küche« auf, indem sie die Prozesse verschlanken und die Kosten senken. Der Effekt: Das Kundenerlebnis ist immer noch Mist, aber es kostet weniger und kommt nun schneller beim Kunden an!

Wer möchte, dass sein »Restaurant« oben auf die Lieblingsliste der Kunden kommt und dort auch bleibt, begnügt sich nicht damit, dass die Prozesse schlank sind und das Ergebnis nach dem Kassensturz stimmt: Erfolgreiche Unternehmer und Unternehmerinnen gestalten selbst aktiv das Kundenerlebnis, indem sie – wie ein Dirigent am Pult – die vielen Spezialisten, die alle an der »Unternehmung« beteiligt sind, zu stimmigem und konsistentem Zusammenarbeiten führen – sie führen das Design.

Das Bestreben jedes aufrechten Unternehmers ist, dass alle Beteiligten, ob Mitarbeitende, Lieferanten oder Teilhaber, mit ihrer Arbeit sicherstellen, dass das Kundenerlebnis eines wird, das der Kunde gerne weiterempfiehlt. Sie wollen so gewährleisten, dass alle im Sinne des Unternehmens handeln und dass die Gestaltung des Kundenerlebnisses ebenso von allen konsistent und konsequent getragen und umgesetzt wird. Mit einer gut entwickelten Designführung kann man den Erfolg nicht erzwingen, aber man kann aus dem, was man zur Verfügung hat, das Beste herausholen! Denn es kommt nicht darauf an, sein Unternehmen so zu gestalten, dass man es Apple gleichtut, sondern so, dass man oben auf der »Lieblings-Liste« landet – auch wenn es um eine Pommesbude geht!

b. Ein Handbuch zur Designführung

Mit diesem Handbuch möchte ich Führungskräften und Entscheidern wichtige Methoden zur Entscheidungsfindung in Designfragen mitgeben. Denn es sind die Entscheidungen, etwas zu tun – oder eben nicht zu tun –, die Unternehmen leiten und zu dem formen, was Kunden wahrnehmen. Damit die Entscheidungen eines Unternehmens in konsistenten und stimmigen Kundenerlebnissen münden, muss man dessen Gestaltungsarbeit entsprechend »führen«! Hierfür braucht man eine Designstrategie, die alle Gestaltungsaktivitäten lenkt und den Sinn des Unternehmens für alle involvierten Mitarbeitenden greifbar macht, sodass diese ihren Beitrag zum Kundenerlebnis im Sinne des Unternehmens zielführend leisten können.

Daher richtet sich dieses Buch nicht nur an Designer, die Erlebnisse gestalten, sondern vor allem an jene, die das Design entscheidend beeinflussen: die Führungskräfte in Unternehmen, die »im Stillen« ihre Gestaltungsarbeit wahrnehmen – bewusst oder unbewusst – und somit letztendlich das Design führen.

Und hierbei ist die Art der Führung entscheidend! Eine Weisung in der klassischen Bedeutung, die allen Beteiligten genau vorgibt, was zu tun ist, ist hier selten zielführend. Auch nicht das zentralistische »Vormachen«, das anderen Teilen der Organisation zur Nachahmung vorgelegt wird. Effektive Führung bedeutet, bei allen involvierten Mitarbeitenden selbst ein Bewusstsein zu wecken, dass sie im Sinne des Unternehmens handeln müssen, damit ihr Unternehmen erfolgreich sein kann. Götz W. Werner, Gründer der Drogeriekette dm, nennt dies eine »unternehmerische Disposition«, in der der Mitarbeitende »stets in die Zukunft gerichtet handelt, vordenkt, sich ein Bild schafft« und somit sich und das Unternehmen gestalterisch in die Zukunft führt.

Dies bedeutet, dass Designführung alle Beteiligten in der Entwicklung und Umsetzung von Kundenerlebnissen ebenso in eine »Disposition« bringen muss: Eben nicht mit einer genauen Vorgabe oder Weisung, sondern mit der Empfehlung eines Zielbildes, zu dessen Erreichung sich alle verpflichten wollen – sie wollen, dass ihre Kunden das Ergebnis ihrer Designaktivitäten als sinnvolles, stimmiges und konsistentes Erlebnis erfahren!

Wenn es den Mitarbeitenden gelingt, in allen Belangen das Zielbild zu erfüllen, erzeugen sie ein Unternehmen, das wir als Kunden, zu unserem Lieblingsunternehmen küren, regelmäßig frequentieren und von Herzen weiterempfehlen. Diesem Unternehmen gehört die Zukunft!

c. Ein Buch für Herz, Kopf und Hand

Dieses Handbuch zur Designführung hat drei Kapitel, die, wenn man möchte, auch unabhängig voneinander gelesen und genutzt werden können. Die vorgeschlagene Reihenfolge macht aber Sinn!

Denn zuerst geht es darum, zu verstehen, warum es heutzutage immer wichtiger ist, für Kunden stimmige und durchgehend konsistent gestaltete Kundenerlebnisse zu erzeugen, und warum sich viele Unternehmen so schwer damit tun. Der erste Teil geht auf die sich rasch wandelnde Gesellschaft und Wirtschaft ein und beleuchtet, warum Unternehmen in diesem Wandel zurückfallen: Sie können die richtige Unternehmensform nicht finden, um sich zu behaupten, sie haben eine Führungsschwäche. Daher ist die Erkenntnis, warum Mitarbeitende sich mit einer integrierten und gleichförmigen Zusammenarbeit an einem Kundenerlebnis so schwertun, eine Voraussetzung für kontinuierliche Verbesserung.

Um diese Verbesserung einzuleiten, muss man wissen, wo man steht: Eine Überprüfung der Designkompetenz im eigenen Unternehmen kann helfen, zu verstehen, wo man in der Entwicklung von Designstrategien, Designdenken und Designmethoden ansetzen kann. Erst wenn man Design im Herzen des Unternehmens angesiedelt hat, kann man auch wirklich stimmige und konsistente Kundenerlebnisse umsetzen!

Design ist weit mehr als die bloße Ausschmückung eines Erlebnisses am »Touch Point« – dem Berührungspunkt mit dem Kunden – zum Beispiel die Aufhübschung einer Broschüre: Letzten Endes bedeutet gutes Design die Ausgestaltung des ganzen Unternehmens – gutes Design erzeugt gutes Business, aber nur wenn alle Designaktivitäten dabei dasselbe im Sinn haben. Auf die Führung kommt es an!

Im zweiten Teil geht es darum, wie man ein Erlebnis gezielt so konzipiert, dass es sowohl für den Kunden als auch für den Mitarbeitenden Sinn stiftet. Die Entwicklung solcher Erlebnisse beginnt mit der grundlegenden Entscheidung, *wie* man sein Unternehmen ausrichten möchte: Ob man, im übertragenen Sinne, sein »Restaurant« als Pommesbude oder als Haubenlokal führt und entsprechend seinen Kunden zu Diensten ist. Diese Entscheidung liegt ganz beim Unternehmer, aber für die konsequente Umsetzung benötigt er die Mitarbeit aller Involvierten – und diese sollten entsprechend geführt werden! Anhand des Design Canvas kann man die wichtigsten Elemente, Design zu führen, festlegen und so eine »Strategie« entwickeln, die alle Mitarbeitenden zur Erzeugung und Umsetzung eines stimmigen und konsistenten Kundenerlebnisses führt.

Designstrategie ist vor allem »Kopfsache« und verlangt klare und deutliche Entscheidungen: So wird Design jeder Zeit geführt und nicht nur dann, wenn »Formgeber« am Werk sind.

Doch jede Strategie ist nur so effektiv wie das Vermögen eines Unternehmens, sie tatkräftig umzusetzen. Deswegen beschäftigt sich der letzte Teil des vorliegenden Buches mit Methoden und Werkzeugen, die man bei der Erzeugung von strategisch geführten Kundenerlebnissen einsetzen kann: Ein Briefing Tool, das die Strategie des Unternehmens in die Umsetzung überführt; ein Designprozess, der die Strategie in die Arbeitsweise einbringt (und so die Umsetzung »führt«) sowie ausgesuchte und relevante Gestaltungsmethoden, die dabei unterstützen, das Briefing in entsprechend stimmige und konsistente Ergebnisse zu überführen.

Erst mit dem Handwerk von professionellen Gestaltern und mit entsprechendem professionellen Werkzeug lassen sich Strategien in handfeste Kundenangebote überführen. Führungskräften verlangt man sicherlich nicht ab, dass sie alle Aspekte der Umsetzung beherrschen, jedoch sollten sie, um zielgerichtet führen zu können, wissen, wann, wo und wozu Designaktivitäten eingesetzt werden. Nur so kann das Potenzial eines Unternehmens voll ausgeschöpft werden.

Dieses Buch ist daher als Leitfaden gedacht, damit man sich bei Entscheidungen, die das Design betreffen, über die Konsequenzen bewusst werden kann: Denn die Tragweite eines Gestaltungsvorschlags ist nicht immer sofort ersichtlich, genauso wenig wie die einer technischen Lösung. Was »am Ende« herauskommt, ist selten das, was man am Anfang spezifiziert hat. Das Phänomen der »stillen Post« ist gerade in Sachen Design eine der größten Herausforderungen, vor allem in großen, komplexen Unternehmen.

Entscheider können jedoch anhand von spezifischen Fragen klären, ob die gewählten Schritte auch zum gewünschten stimmigen Kundenerlebnis führen werden. Denn Designführung zeichnet sich vor allem dadurch aus, die richtigen Fragen zu stellen und darauf die richtigen Antworten einzufordern: eben jene, die Sinn machen und somit Sinn stiften.

1. Warum designen?

Das Entwickeln einer Designführung, mit der das Unternehmen in der Lage ist, sich im Wandel nachhaltig zu behaupten.

1.1 Der Wandel

Der Grund dafür, dass sich stimmige Kundenerlebnisse als erfolgsentscheidend für das Wirtschaften von heute und morgen manifestieren, liegt nicht etwa darin, dass Kunden anspruchsvoller geworden wären. Schon immer war ein Erlebnis, das sich rund um eine Dienstleistung oder ein Produkt entfaltet, bestimmend dafür, ob man das konsumierte Angebot anderen weiterempfohlen hat – oder ob man es beim nächsten Mal tunlichst vermied. Erst mit der Verfügbarkeit einer Alternative kann sich das Relevante entwickeln und positionieren.

Entscheidend für den wirtschaftlichen Erfolg war daher schon immer der Zuspruch des Kunden. Wer es nicht schafft, seine Kunden mit einem relevanten Erlebnis zu begeistern, kann nicht auf Argumente, wie hohe Qualität des Produktes, Leistungsfähigkeit oder Einmaligkeit, zurückgreifen – denn das bieten andere Anbieter auch: Man braucht zusätzlich zum Produkt auch das für den Kunden passende Erlebnis; eines, das den Kunden anspricht und – viel mehr noch – ihm aus der Seele spricht.

Denn noch schlimmer, als keine leistungsfähigen Produkte und Dienstleistungen zu haben, ist es, keine Relevanz zu bieten! Wo vor Kurzem noch »innovate or die« an den Pinnwänden der Kaffeeecken klebte, steht zusehends »be relevant or die«. Start-ups hin oder her, nur wer mit seiner Geschäftsidee einen klaren Kundennutzen mit einem herausragenden Kundenerlebnis verbinden kann, wird aus der Masse an Alternativen hervorstechen und wirtschaftlich auf Dauer überleben können.

Und wer für den einzelnen Kunden relevant geworden ist, hat es mit dem Mitbewerber entsprechend leicht, denn wir Menschen sind nun mal Gewohnheitstiere – weshalb zu »bing« wechseln, wenn »Google« passt; warum zu »Freude am Fahren«, wenn »Das Auto« prima läuft? Nur wenn Unternehmen das Erlebnis, das sie versprechen, nicht einlösen – indem sie zum Beispiel gemachte Versprechen nicht einhalten –, wechseln Kunden zur Konkurrenz. Die Funktionalität ist dabei immer seltener ausschlaggebend: Es kommt vor allem darauf an, wie Unternehmen sich verhalten, und viel weniger auf das, was sie liefern. Dass man zum Beispiel Öl über die Weltmeere verschifft, ist vielen Kunden egal: Aber wehe, man nutzt dabei die Besatzung aus oder lässt gar Öl auslaufen. Dass man fossile Verbrennungsmotoren in Autos steckt, ist die übliche Praxis, die den Kunden nicht weiter aufregt: Aber wehe, man betrügt die

Kunden mit den Verbrauchswerten! Das Kundenerlebnis wird sich auf ein sinnvolles Zusammengehen zwischen dem Verhalten eines Unternehmens und dem, was es konkret liefert, ausdehnen: »Ethischer Konsum« wird ein fester Bestandteil des Kundenerlebnisses werden und daher die Unternehmen vor noch größere Herausforderungen stellen. Kundenerlebnisse müssen nicht nur für den Moment des Kaufs relevant sein, sie müssen auch darüber hinaus noch Sinn stiften.

Schon in den Neunzigerjahren haben die Ökonomen Pine und Gilmore[1] auf die Eigenschaften einer Erlebniswirtschaft hingewiesen, indem sie den Mehrwert und die Ertragskraft eines Unternehmens direkt an die Fähigkeit, für Kunden relevante Ergebnisse zu erzeugen, gekoppelt haben. Den Wandel in die Erlebniswirtschaft beschreiben sie als einen gleichförmigen Prozess, der sich aus dem Zeitalter der industriellen Wirtschaft heraus entwickelt. Statt Güter und Produkte, ausgehend vom industriellen Denken, zusätzlich mit Diensten anzureichern, erfordert der Übergang in die Erlebniswirtschaft eine andere Herangehensweise: Man muss das industrielle Denken überwinden, wenn man für Menschen relevante Erlebnisse gestalten möchte! Beschleunigt wird dieser Wandel von der digitalen »Transformation«, die zwar nicht zwingend die Grundlage des Wirtschaftens umändert, aber dafür sorgt, dass die sonst mechanistischen Prozesse und Abläufe in Unternehmen jetzt miteinander verbunden werden und den Kunden direkt mit dem Unternehmen und anderen Kunden verbindet. Die Kunden werden so ein fester Bestandteil des Unternehmens.

Ist man in der Erlebniswirtschaft angelangt, dann reicht dieser Fortschritt allein für den Erfolg nicht aus: Auch Mitbewerber tummeln sich dort und entscheidend für den Erfolg ist, seine Erlebnisse vom Mitbewerber zu differenzieren – und dies erreicht man nur über gutes Design!

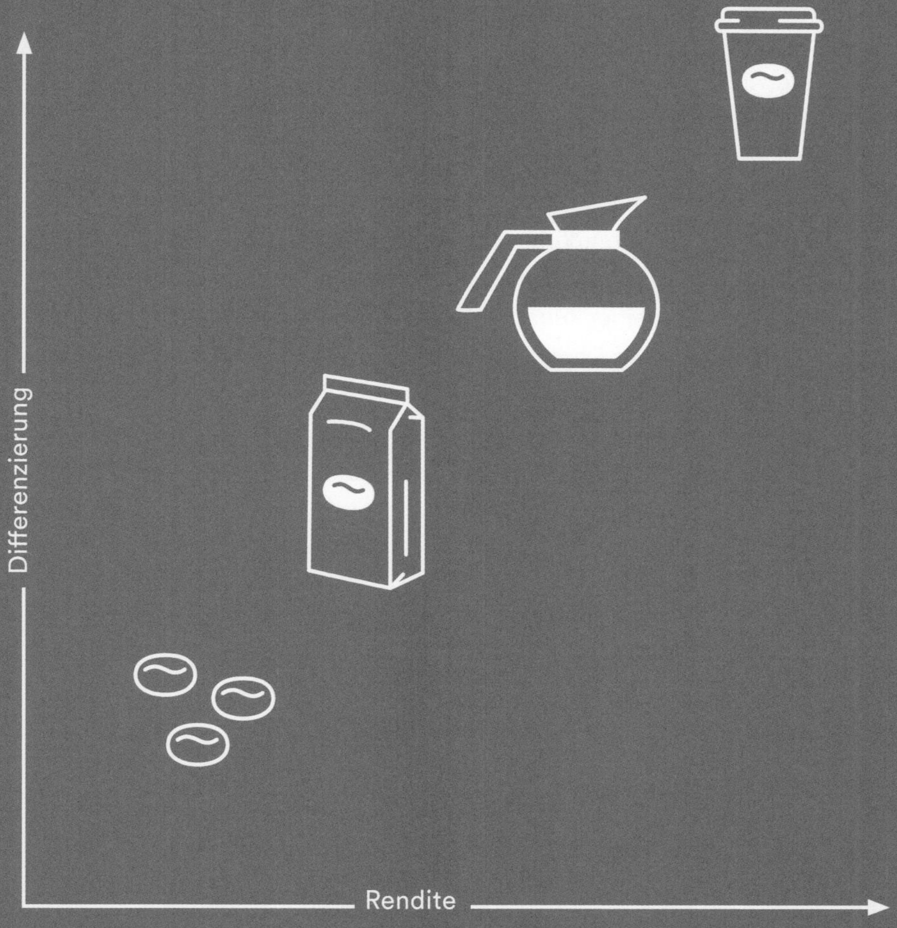

Je deutlicher die Differenzierung und der Kundennutzen, desto höher ist die Rendite und der nachhaltige Erfolg...

1.2 Unternehmen im Wandel

Dieser Wandel stellt viele Unternehmen, die sich aus dem industriellen Zeitalter entfernen, vor große Herausforderungen – sie können das industrielle Denken und Handeln nicht überwinden. Ihre Strukturen und Prozesse bilden noch exakt das ab, was auch schon mit der Entwicklung der Dampfmaschine in Gang gesetzt wurde: Unter Druck entsteht eine Kraft, die es ermöglicht, einen Prozess zu initiieren, mit dem man gewünschte Resultate erzwingt.

Immer noch versuchen Unternehmen, unter Druck und mit maschinellen Prozessen ihr Schaffen effizienter zu verwalten, in der Hoffnung, sie würden damit auch für ihre Kunden relevanter werden. Zum Teil gelingt es ihnen auch, indem sie zum Beispiel Produkte günstiger oder qualitativ hochwertiger herstellen. Da aber inzwischen alle Unternehmen mit dem gleichen Dampf »Druck machen« können, verpufft zusehends jede Form von technologischer Führung. Immer öfter ist das, was Produkte verschiedener Anbieter können, gleich, weil die Technologie, die sie alle nutzen, die gleiche ist. Entscheidend ist aber der Erlebnisnutzen, den diese Produkte liefern: also wie sie die Technologie einsetzen und dann in eine für Kunden relevante Form bringen.

Viele Unternehmen stecken regelrecht im Wandel fest. Einer der Hauptgründe für die Unfähigkeit, sich von einer industriell denkenden und handelnden Maschine in einen empathisch denkenden und kundenzentrierten Dienstleister zu verändern, liegt in der Organisationsstruktur.

Die vorherrschende Struktur der Unternehmen entspringt noch dem industriellen Zeitalter, dem Maschinenzeitalter und dem Modell der Arbeitsteilung, wie einst von Adam Smith[2] propagiert. In diesem Modell werden Kompetenzen und Funktionen in eigens dafür vorgesehene Abteilungen oder in Arbeitsschritten untergebracht, sodass sie, wenn alles dem übergeordneten Prozess entspricht, in vorgegebener Art und Weise miteinander arbeiten. Das Leitmotiv ist hierbei ganz eindeutig die Maschine: Wenn man schon Maschinen herstellt, warum dann nicht gleich selber so agieren?

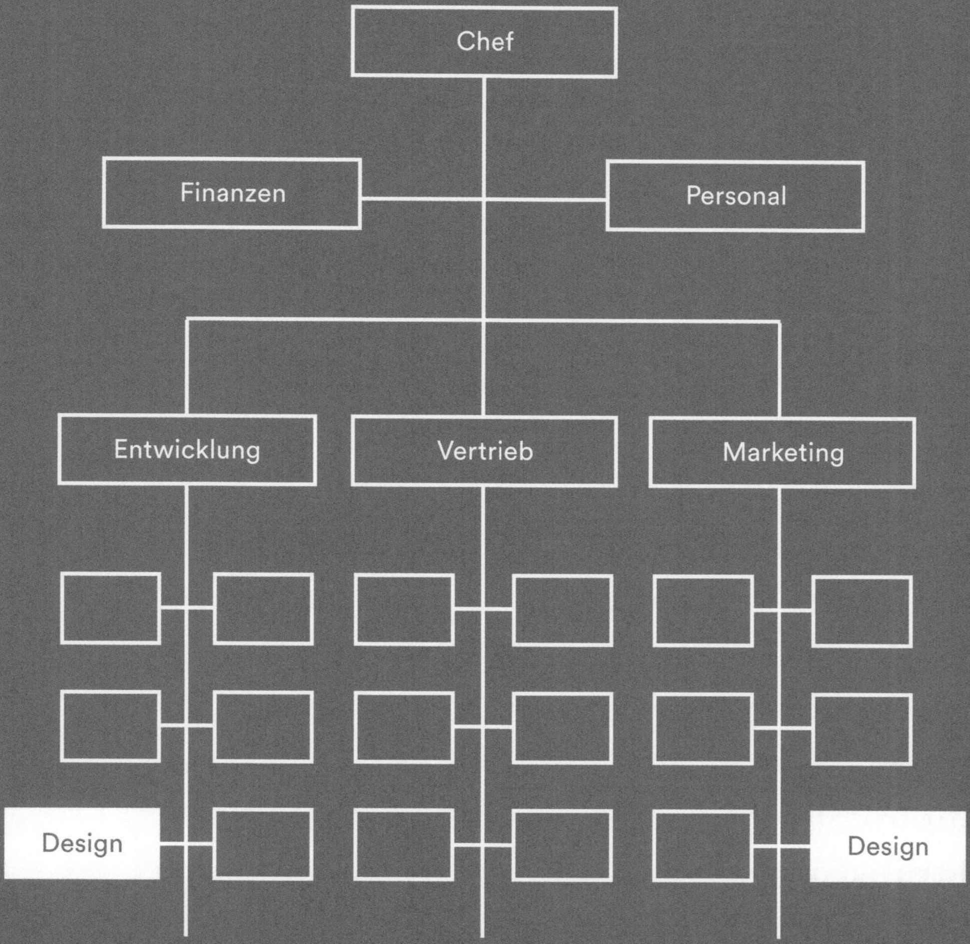

Die klassische Organisation teilt die Aufgaben in Abteilungen, alles schön übersichtlich. Design findet sich meist irgendwo in der Entwicklung, aber auch in anderen Abteilungen...

Diese sogenannte diversifizierte Organisationsform, wie sie von Friedrich Glasl[3] beschrieben wurde, ist charakteristisch für alle Unternehmen, die heute darum kämpfen, den Anschluss an die zusehends digitalisierte Erlebnisgesellschaft nicht zu verpassen, oder die damit hadern, sich in eine neue, erlebnisorientierte Form zu wandeln.

Interessant ist dabei die Tatsache, dass es mitnichten nur die herstellenden Unternehmen sind, die wie Maschinen anmuten und sich so verhalten. Auch Banken, Handelsunternehmen, Versicherer, Telekommunikationunternehmen und sogar Bildungsinstitute sind wie Maschinen gestaltet und gebärden sich entsprechend. Ihre Prozesse sind Abläufe, die von »innen« nach »außen« verlaufen und den Kunden als Abnehmer ans Ende der Kette stellen – und nicht sinnstiftend an den Anfang; ihre Organisation ist eine Ansammlung von Sub-Unternehmen aus Spezialisten, die einander bewirtschaften (»Mein Kollege ist mein Kunde!«) statt gemeinsam den wirklichen Markt; ihre Angebote sind die Summe der Möglichkeiten des Unternehmens und nicht der gemeinsame Nenner, den man mit dem Kunden teilt.

Um in der digitalen Transformation und einer Erlebniswirtschaft zu bestehen, brauchen Unternehmen selbst ein gutes Design – eines, das auf der Basis einer Sinnstiftung, mittels einer Designstrategie, die Organisation kundenzentriert aufstellt und Lösungen entwickeln lässt. Sie brauchen ein neues, erlebnisorientiertes Organisationsdesign, wenn sie an der Erlebniswirtschaft teilhaben wollen.

Falls Sie dieses Buch jetzt resigniert zur Seite legen wollen, weil Sie nicht daran glauben, dass Ihr Unternehmen dies je leisten könnte, verzagen Sie nicht! Es geht um einen Wachstumsprozess, den man durchaus beeinflussen, lenken und meistern kann. Je mehr Personen sich an der Gestaltung des Unternehmens beteiligen, desto schneller lässt sich ein diversifiziertes Unternehmen in ein integriertes, auf den Kunden zentriertes Unternehmen umwandeln.

Die Pionierphase

Die Diversifizierungsphase

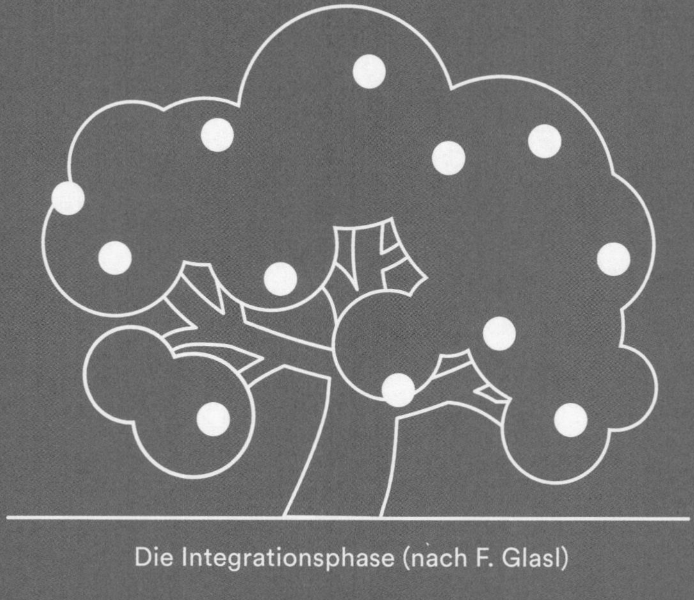

Die Integrationsphase (nach F. Glasl)

»Sinn führt,
Zweck leitet!«

Aspekte des Wandels

→ Industrien werden zu Dienstleistungen, Dienstleistungen zu Erlebnissen.

→ Die Qualität des Kundenerlebnisses differenziert den Markt.

→ Technologie wird zum Grundrauschen und allgemein verfügbar.

→ Konsumenten sind umfassend informiert und bilden ein »Kollektiv«.

→ Hierarchie wird von Sinnstiftung abgelöst; Führung ist wichtiger als Leitung.

→ Zusammenarbeit überwindet die Silo-Organisation: Effektives Arbeiten wird wichtiger als effizientes.

→ (Digitale) Vernetzung schafft Zugang und Information: den Unternehmen und auch den Kunden!

1.3 Der Sinn eines Unternehmens

Alles, was Unternehmer und Unternehmerinnen tun, machen sie letztendlich, um ihren Kunden zu dienen. Dies ist natürlich keine selbstlose Marotte von Altruisten, sondern die Grundlage unserer Lebensform – wir Menschen sind voneinander abhängig und kommen ohne die Leistungen der anderen nicht aus. Wer daran nicht glaubt, überlebt nicht einmal die ersten Tage nach der Geburt.

Wer ein Unternehmen gründet, entscheidet sich also bewusst dazu, von anderen abhängig zu sein – und eben nicht, unabhängig zu werden. Unabhängig sind nur jene, die sich entscheiden, in die Wildnis zu ziehen und von dem zu leben, was ihnen vor die Füße fällt. Trotzdem hält sich das Märchen des »unabhängigen« Unternehmers, der, ganz wie ein Monarch, über Arbeiter und Produktionsanlagen waltet und regelmäßig die Ernte (den Gewinn) einfährt, um davon fürstlich zu leben. Abgeschottet hinter hohen Zäunen residieren sie in ihren »Palästen« und machen was sie wollen!

In Wahrheit sind Unternehmer jedoch extrem abhängig, denn wenn keiner die »Früchte« ihrer Anstrengung erwirbt, sind sie ‚zwecklos', und wenn kein Angestellter etwas für sie macht, sind sie ‚mittellos', und wenn keinem gefällt, was sie tun, sind sie ‚sinnlos'.

Daher vermeiden viele, Unternehmer zu werden, und versuchen, die eigene ‚Abhängigkeit' auf die Verfügbarkeit eines Einkommens zu begrenzen. Perfekt gelöst haben das einige Banker und Aktienspekulanten: Sie schaffen es, Geld zu verdienen, ohne dass sie dafür irgendwem dienen müssen. Aber auch sie sind letztlich abhängig – oder kann man Geld tatsächlich essen?

Was Unternehmer antreibt, etwas zu unternehmen, ist oft mit der Erkenntnis verbunden, dass das, was sie anbieten können, bei Menschen eine Nachfrage auslösen wird, oder bereits einem Bedürfnis entspricht. Die genaue Vorstellung über das latente Bedürfnis und dessen Erfüllung ist die Grundlage für eine geschäftliche Beziehung. Mit diesem Ziel vor Augen mobilisiert der Unternehmer sich und andere, beschafft die Mittel und Ressourcen, um ein marktfähiges Angebot zu erzeugen, das dieses Geschäft in Gang setzen kann. Je überzeugter der Unternehmer vom Zweck seines Angebots ist, desto motivierter und engagierter wird er bei der Umsetzung seines Unternehmens vorgehen. Je relevanter und nützlicher das Angebot für Kunden ist, desto mehr wird das Unternehmen geschätzt und kann entsprechend die »Ernte einfahren«. Wenn beides zusammenkommt, entwickelt sich eine intakte und geschlossene Wertschöpfungskette.

Grundlage für ein erfolgreiches Unternehmen ist also neben dem Sinn des Unternehmens selbst die Zweckmäßigkeit dessen, was es unternimmt: Es braucht Motivation und Vision gleichermaßen.

Unternehmen müssen daher, wenn sie das »Warum« ihrer Unternehmung geklärt haben, zwei strategische Entscheidungen herbeiführen und umsetzten: Sie müssen klären, wie ihr Leistungsversprechen lautet und sie müssen klären, wie sie dieses Versprechen den Kunden anbieten. Sie brauchen also neben einer Marktstrategie eine Designstrategie!

»Das richtige
Management
zu designen,
ist wichtiger,
als das richtige
Design zu
managen!«

1.4 Das gute Unternehmen

Kunden schauen vor allem auf den Effekt eines Unternehmens – auf das, was bei ihnen ankommt und ob es zu ihnen passt. Ob ein Unternehmen dabei effizient vorgeht, ist den Kunden egal! Ist dieser Effekt eindeutig gestaltet und gleichförmig über alle Berührungspunkte[4] hinweg umgesetzt, kann ein Unternehmen sich am Markt differenzieren und sich neben der Konkurrenz behaupten. Ist der erzeugte Effekt stimmig und von Dauer, entsteht die Basis für nachhaltigen Kundenzuspruch.

Denn die Wertschöpfung endet nicht bei der Bezahlung durch den Kunden. Vor allem was nach der Bezahlung geschieht, ist heutzutage im Fokus von weitsichtigen Unternehmern. Wird der Kunde die gemachte Erfahrung mit dem Unternehmen und der Dienstleistung weiterempfehlen oder wird er schlechte Stimmung machen und andere potenzielle Kunden vergraulen? Dass ein Kunde zufrieden war, heißt noch lange nicht, dass er auch wiederkommt, geschweige denn, dass er seine Freunde mitbringt. Das Erlebte hinterlässt auch nach der Nutzung des Produktes oder der Dienstleistung Eindrücke, die den weiteren und wiederholten Konsum beeinflussen werden.

Aus diesem Grund fragen Unternehmer und Anbieter lieber nach einer möglichen Weiterempfehlung als nach der Zufriedenheit, steckt doch in der ersten Antwort ein Hinweis auf die Zukunft, in der Letzteren erfährt man nur etwas über die Vergangenheit.

Denn möchte man für die Zukunft gewappnet sein, dann ist man gut beraten, auf das zu schauen, was vor einem liegt, statt ständig in den Rückspiegel zu schauen! Und genau hier stoßen viele Unternehmen an die Grenzen ihrer Möglichkeiten, sie sind für diese Sichtweise nicht richtig aufgestellt. Sie haben nämlich ihre Prozesse und Arbeitsweisen so angelegt, dass sie nur das Vergangene fest im Blick haben. Mit der Mentalität eines Verwalters werden die Abläufe, die letztendlich zu Kundenerlebnissen führen sollen, auf Prozess- und Qualitätstreue hin überprüft, mittels Kriterien werden Teilergebnisse hinterfragt und beurteilt. Dabei wird – ganz nach Ingenieurmanier – jede Anforderung so spezifiziert, dass ein komplexes Unternehmen diese auch verarbeiten kann. So definiert jede Abteilung ihre eigenen Qualitätskriterien, die sie für angemessen hält, auch schon deswegen, weil die Leitung des Unternehmens die Abteilungen anhand des Erfüllungsgrads dieser Kriterien belohnt!

Aus diesem Grund konzentrieren sich die Ingenieure auf die Kennzahlen ihrer Prozessqualität; die Produktion auf die »Time-to Market« oder die Ausschussrate; der Vertrieb auf die Kundenzufriedenheit oder den erreichten Marktanteil und die Markenmanager auf den erreichten Markenwert. Bei so vielen Zielen und Sub-Zielen ist es ein Leichtes, die übergeordneten Ziele, wie die Rendite oder die Weiterempfehlungsrate, aus den Augen zu verlieren.

Und gerade in der Art und Weise, wie ein Unternehmen seine Mitarbeiter auf das übergeordnete Ziel ausrichtet und alle in die Entwicklung und Umsetzung eines relevanten Kundenerlebnisses einbindet, zeigt sich, ob das Unternehmen eine »gute Form« gefunden hat, ob es eine Designführung hat. Denn ist das Unternehmen eine Ansammlung von Einzelteilen, so ist das Kundenerlebnis meist ebenso eine Ansammlung von Teil-Erlebnissen, die nicht zwingend zusammenpassen. In diesem Fall ist die Wahrscheinlichkeit groß, dass das Markenversprechen vom Produktversprechen nicht erfüllt wird.

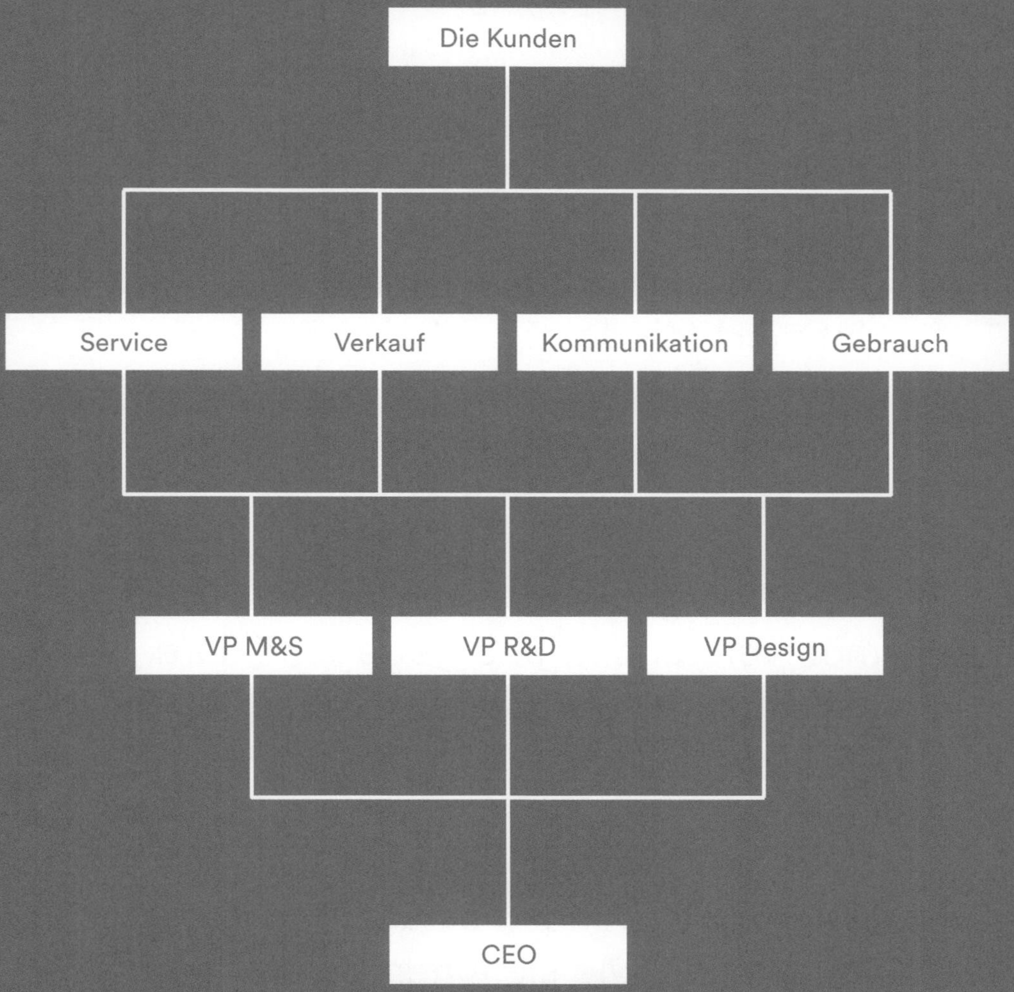

So sehen nur wenige Organigramme aus, leider: Strukturen in Unternehmen bilden die Hierarchie ab, warum also nicht die Kunden an die Spitze stellen? Letztlich zahlen sie doch die Zeche!

Aspekte einer guten Unternehmensform

- Die Unternehmensführung stiftet primär Sinn, anstatt zu leiten (inhaltliche Führung).

- Das Unternehmensversprechen ist klar definiert (eindeutiges Leistungsversprechen) und bestimmt das Handeln (reflektiertes Handeln auf der Basis von Werten und einer Strategie).

- Die Strategie wird von allen im Unternehmen verstanden und getragen (klare Identifikation mit dem Kundenerlebnis und den nötigen Maßnahmen) – eine Führungskette ist etabliert.

- Die Mitarbeitenden sind sich bewusst, warum und wie sie einen Beitrag zum Kundenerlebnis leisten (selbstmotivierte Belegschaft und klare Zielsetzung).

→ Gestaltung ist Aufgabe von allen – nicht nur von Gestaltungsspezialisten – und findet auf allen Ebenen in der Organisation statt (engagierte und verantwortungsbewusste Belegschaft – Designführung).

→ Die Organisationsform ist um den Kunden zentriert, nicht um das Unternehmen selbst.

→ Die Organisation lebt Effizienz als Voraussetzung für Effektivität – und nicht andersherum!

»Design ohne Führung ist wie Perlen vor die Säue werfen.«

1.5 Design im Unternehmen

Nachdem das Design jahrelang meist nur äußerlich angewandt wurde – wie eine Faltencreme zur Imagepolitur –, wird es jetzt zusehends zum festen Bestandteil der Geschäftsstrategie. Design ist dabei weit mehr, als viele erleben: Es ist nicht nur ein Akt der Gestaltung, der von Designautoren vollzogen wird, sondern ein bewussterer Eingriff in die Umwelt mit dem Ziel, diese zum Besseren zu verändern[5]. Unternehmen müssen, wenn sie erreichen wollen, dass ihre Unternehmungen sich im Markt differenzieren und kauf- und nutzungsbereite Kunden finden, alles, was sie unternehmen, bewusst designieren: Mittels Design greifen Unternehmen in die Geschicke ein und gestalten das, was sie erzeugen, im Sinne der Kunden. Dass einige Unternehmen das nicht tun, sondern den Sinn bei sich und ihrer Profitgier sehen, ist eigentlich eine Anomalie unserer Zivilisation.

Damit Designdenken tatsächlich in kundenzentrierten Angeboten mündet, braucht es weit mehr als Designdenker und kreative Gestalter: Es braucht eine umfassende Designführung, die alle Akteure zur orchestrierten Zusammenarbeit führt. Denn Kundenangebote umfassen viele Touch Points und jeder dieser Punkte hat seine eigenen, spezifischen Designanforderungen: Die Gestaltung der Kommunikation arbeitet mit anderen Medien als die des Produktdesigns, die Gestaltung der Verpackung hat andere Designanforderungen als die des Webdesign. Ein Zusammenspiel aller dieser Punkte ist das, was Kunden als ein »gutes« Design erleben.

Die nötige Rahmenbedingung für ein solch gutes Design ist eine gute Organisation, eine, welche die »Aufführung« zum Erlebnis macht und so Kunden begeistert. Die Gestaltung einer guten Organisation mit einer klaren Designführung ist dabei weit wichtiger, als nur gutes Design zu organisieren. Design ohne Führung ist wie »Perlen vor die Säue werfen«!

1.6 Design in der Unternehmensführung

Ein Unternehmen zu führen ist nicht immer »Chefsache«: Wenn doch, dann ist das Führungssystem meist entsprechend geformt und zeichnet sich dadurch aus, dass die Entscheidungen direkt getroffen werden, die Wege kurz sind und Umsetzungen prompt erfolgen.

Jedoch sind viele Unternehmen auf Grund ihrer Organisationsform zu komplex, dass sie von einer einzigen Führungspersönlichkeit gelenkt werden können. Sie erzeugen daher ein Führungssystem, sodass Führung über die gesamte Organisation ermöglicht wird. Die so geschaffenen Strukturen haben den Zweck, trotz zeitlich und räumlich voneinander getrennter Führungsaufgaben den Sinn des Unternehmens störungsfrei und effektiv zum Kunden zu transportieren. Damit eine nachhaltige Wertschöpfung, wie in Kapitel 1.1 beschrieben, tatsächlich erfolgen kann, werden Hierarchien und Prozesse eingesetzt, die gewährleisten, dass ein »Wert« überhaupt erzeugt werden kann.

Die Aufgabe der Führungspersonen ist entsprechend, dafür zu sorgen, dass zwischen den Hierarchien und Prozessen eine Wertschöpfungskette entsteht: eine Kette von Ereignissen und Entscheidungen, die sich zusammenfügen und so einen Wert zum Kunden und wieder zurück transportiert.

Ein Unternehmen ist dann gut geführt, wenn seine Wertschöpfungskette intakt ist und in beide Richtungen funktioniert: vom Unternehmen zum Kunden und vom Kunden zum Unternehmen!

Reißt diese Kette (wie man weiß, immer am schwächsten Glied), kann kein nachhaltiges Wirtschaften entstehen; sind die Glieder der Ketten nicht miteinander verbunden, ebenso.

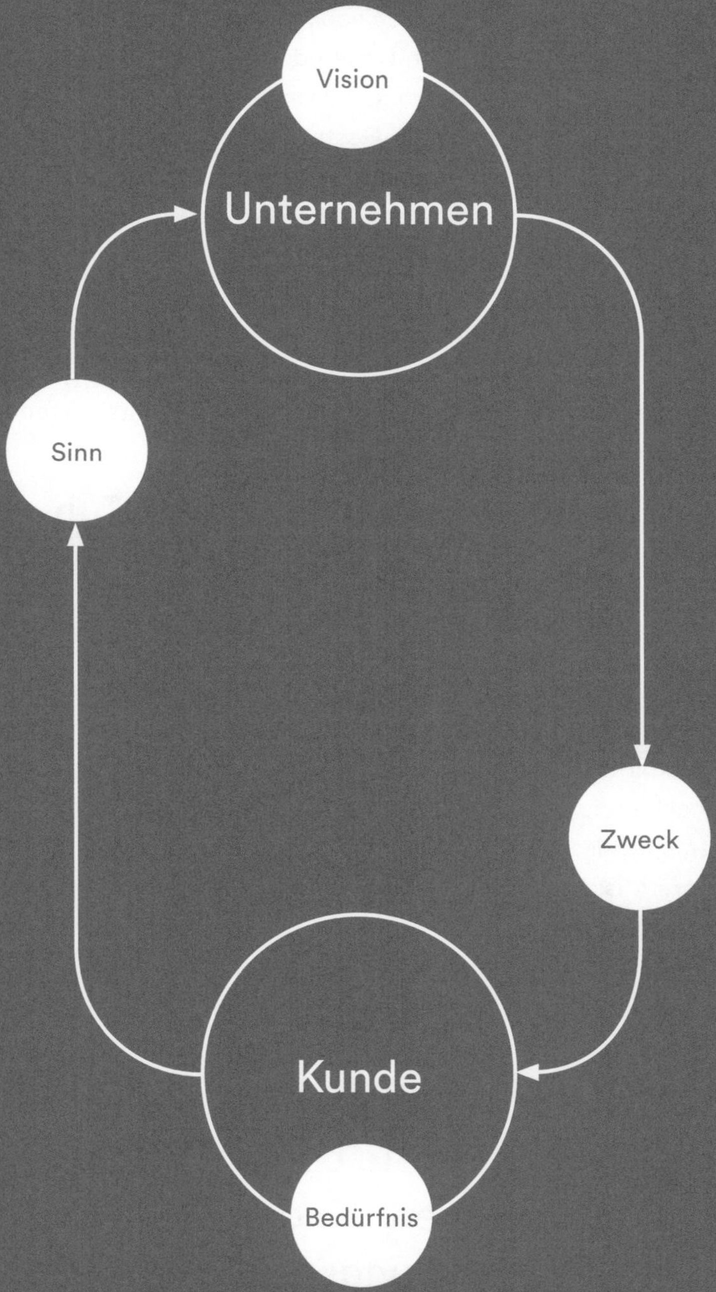

Die Wertschöpfungskette ist eigentlich ein Wertschöpfungskreislauf!

Führungskräfte sind also per Definition daran interessiert, die Unternehmung ganzheitlich zu betrachten, denn sie wissen, dass ihre Führungsarbeit – egal in welcher Hierarchieebene – nur dann erfolgreich ist, wenn die Kette »geschlossen« ist. Neben dem Entwickeln von Visionen, Kultur, Prozessen und Zielsetzungen, dem Lenken von Aktivitäten, Systemen und Abläufen steht die Gestaltung der Organisation, von Regelungen und Strukturen im Zentrum der Führungsaufgaben. Wer glaubt, Führungskräfte wären jene, die nur entscheiden, empfehle ich die Lektüre von Reinhard Sprengers »Radikal Führen«. Sprenger beschreibt den Zweck der Führung als »Zusammenarbeit organisieren, Transaktionskosten senken, Konflikte entscheiden, Zukunftsfähigkeit sichern, Mitarbeiter führen«. Jedoch liegt der Sinn der Führung klar beim Erzeugen nachhaltiger Werte für Unternehmen, Kunden, Mitarbeitende und die Gesellschaft überhaupt.

Führung ist nicht nur die Arbeit von Führungskräften, sie ist eine Eigenschaft der gesamten Organisation!

Der Management Vordenker Peter Drucker konstatierte, der Sinn eines Unternehmens sei es, Kunden zu erzeugen. Er sah beim Management, und explizit im Marketing, die Aufgabe diese Sinnstiftung allen im Unternehmen zu vermitteln. Das, was das Unternehmen führt, sind, so Drucker, spezifische Antworten auf »fünf entscheidende Fragen«: »Was ist unsere Mission? Wer ist unser Kunde? Worauf legt der Kunde Wert? Was sind unsere Ergebnisse? Was ist unser Plan?«. Diese zu beantworten erfordert eine umfassende Selbsteinschätzung, aber vor allem, ein ausgeprägtes Gestaltungsbewusstsein. Elementar ist hierbei die Fähigkeit des Unternehmens, sich selbst zu beschreiben und zu kommunizieren – sein »Design« eindeutig zu bestimmen.

Jede Wertschöpfungskette beginnt also mit einem Akt des Designens, indem man die Identität und die Handlungsprinzipien des Unternehmens beschreibt, die es somit erst »beziehungsfähig« machen und in die Lage versetzt, Kunden zu erzeugen.

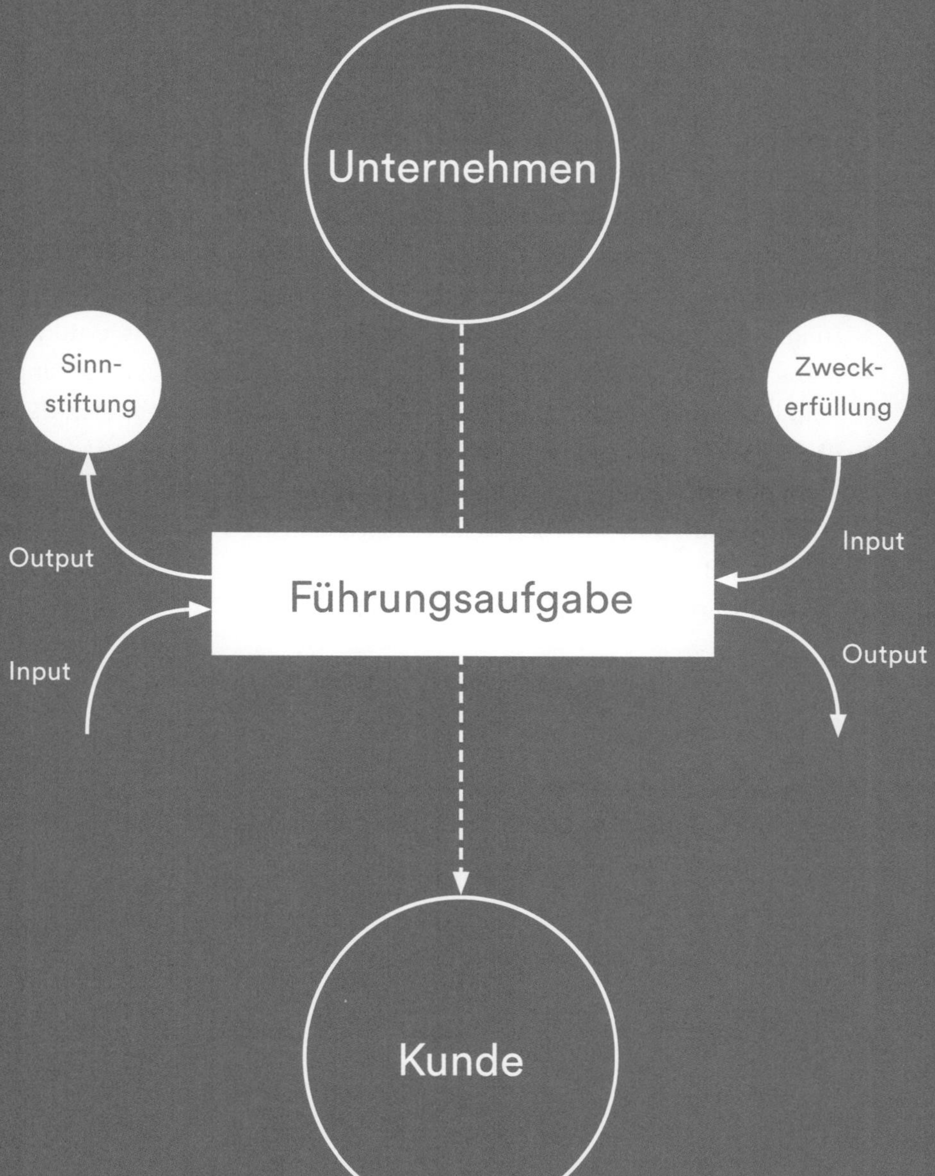

Die Aufgabe der Führungskraft ist es, den vom Kunden und Markt kommenden Input in sinnstiftenden Output für die Unternehmung zu übersetzen. Gleichzeitig verarbeitet die Führungskraft den Input der Unternehmung in zweckvollen, auf den Kunden zielenden Output. Auf jeder Hierarchieebene definiert sie so die Strategie einer Unternehmung hin zum Kundenerlebnis.

Daher ist die Rolle des Design in der Führung elementar und spielt auf allen drei Hierarchieebenen eine wichtige Rolle: auf der Strategieebene (wo das Design Being entwickelt wird), auf der Prozessebene (wo Design Thinking eingesetzt wird) und auf der Umsetzungsebene (wo das Design Doing erfolgt). Diese drei Ebenen stehen symptomatisch für die gängigen Hierarchieebenen in einer Aufbauorganisation im Unternehmen: Es gibt Organisationen mit mehr Hierarchien oder mit weniger, etwa nur einer. Egal wie viele Ebenen sich in einer Organisation einfinden, erfolgreiche Führung verbindet alle Ebenen mit einer »Führungskette«, die sicherstellt, dass der Sinn und Zweck des Unternehmens (oder der Organisation) sich stets gleichförmig in allen Führungsaufgaben wiederfindet. Die Führungskette des Designs legt sich dabei über die Wertschöpfungskette und gewährleistet so, dass in jeder Gestaltung, an jeder Entscheidung und bei jeder Transaktion der Identität und Intention des Unternehmens entsprochen wird. Designführung ist ein fester Bestandteil jeder Führungsaufgabe – genau gesagt sollte sie es sein, wäre da nicht die übliche Praxis …

Unternehmen
Sinn-
stiftung
Zweck-
erfüllung
Design Being
Geschäftsstrategie
Unternehmens-
bedürfnisse
Prinzipien
(Warum)
Design Thinking
Geschäftsentwicklung
Markt-
bedürfnisse
Briefing
(Wie)
Design Doing
Geschäftsumsetzung
Kunden-
bedürfnisse
Erlebnis
(Was)
Kunde

1.7 Design ohne Führung

Es ist übliche Praxis in Unternehmen, Designer für die Gestaltung von Kundenangeboten einzusetzen. Entweder wird eine interne Designabteilung mit dieser Aufgabe betraut oder es bringen sich Agenturen ein. Die Designer werden in der Regel beauftragt: Nur selten bestimmen sie selbst, was zu tun ist. Diese Beauftragung (die zugleich die nachgelagerte Positionierung des Designs zementiert) erfolgt idealerweise auf der Basis einer Strategie, mit der das Unternehmen Produkte und Dienste in einem Markt anbieten möchte. Anhand von Lastenheften, auch Briefings genannt, wird die Designumsetzung initiiert. Ein umfassendes und gutes Design-Briefing stellt dabei sicher, dass die Erkenntnis eines Kundenbedürfnisses (das avisierte Kundenerlebnis) anhand von spezifischen Gestaltungs- und Designprinzipien in ein gleichförmiges und konsistentes Kundenangebot überführt wird.

Die Qualität vieler Design-Briefings ist mangelhaft: Sie geben in der Regel nur Teilaspekte der Designaufgabe vor (zum Beispiel indem die Anforderungen an eine Benutzerschnittstelle detailliert beschrieben werden, nicht aber die Rolle dieser Schnittstelle im zugrundeliegenden Kundenerlebnis) und stellen oft den Bezug zum übergeordneten Kundenerlebnis nicht her.

Der Grund für ein solches »Teil-Briefing« ist, neben der Silo-Struktur in den Unternehmen (wo jedes Silo ein Teil-Erlebnis gestaltet), vor allem die vorherrschende Fokussierung auf die nachgelagerte Umsetzung der Designarbeit. Schwerpunkt ist hier das Design Doing (die Umsetzung) und eben nicht die Ausrichtung auf das zugrundeliegende Markenerlebnis, das Design Being (die Strategie). Diese Problematik ist vor allem in Unternehmen vorherrschend, die Design nur nachgelagert einsetzen. Dort entstehen viele Designaufgaben als Reaktion auf das Bedürfnis der Entwickler, ihre Ergebnisse mit einem passenden »Design« zu versehen. Und ähnlich motiviert, beauftragen Produktmanager dann Produktdesigner, neue Produkte zu stylen oder Marketer dann Kommunikationsdesigner, neue Kommunikationsmittel zu gestalten. Diese Beauftragungen aus den verschiedenen Silos haben selten dasselbe Endergebnis, nämlich für Kunden ein einheitliches Erlebnis zu erzeugen, im Sinn. Sie richten sich auf die Ausgestaltung der einzelnen Silo-Ergebnisse. So beauftragt, können die Designer, obwohl gut gemeint, letztendlich nur eine zerstückelte Gestaltung und ein entsprechend gestückeltes Kundenerlebnis erzeugen. Wenn die Designer Glück haben, finden sie Halt im Corporate Design, sodass sie sich untereinander zu grundlegenden Fragen der Gestaltung abstimmen können – wenn die Designer überhaupt darauf eingehen und sich einigen wollen...

Die Herausforderung für Designer und deren Auftraggeber liegt darin, eine methodische Vorgehensweise einzuschlagen, die aus Teilaspekten ein stimmiges Kundenerlebnis gestaltet, das in der Gesamtheit alle Berührungspunkte umfasst. Erst durch die bewusste Abstimmung aller Teilaspekte, die ein Kundenerlebnis ausmachen, kann man noch fehlende Berührungspunkte komplettieren und offene Gestaltungsfragen beantworten. Zudem kann man in einer solchen Abstimmung alle Mitarbeitenden (und Mitgestaltenden) einbinden, denn jede Erlebnisgestaltung steht und fällt mit ihrer Umsetzung: Genauso wie jeder Koch nur dann erfolgreich sein kann, wenn die Suppe warm auf dem Tisch kommt.

Daher braucht es in der Entwicklung und Umsetzung eines Kundenerlebnisses immer eine Designstrategie, die für alle Beteiligten in der Form eines umfassenden Design-Briefings verbindliche und verständliche Empfehlungen macht. Nur mit einer Designstrategie kann es einem Unternehmen gelingen, ein umfassendes und orchestriertes Erlebnis zu erzeugen und die Nebeneffekte einer silodenkenden Organisation zu überwinden.

1.8 Stille Post

Wenn man also die Qualität der gängigen Briefings, die für Designer und Entwickler von Produkt- oder Marketingmanagern verfasst werden, mit dem daraus entstehenden Endergebnis vergleicht, dann verwundert es einen auch nicht, dass sich das »Gebriefte« vom »Gelieferten« oft drastisch unterscheidet. Schlechtes Briefing wird vom Phänomen der »Stillen Post« in Silo-Organisationen verstärkt: Die Weitergabe und Interpretation der Teilspezifikationen von Abteilung zu Abteilung kann aus einem schlechten Briefing ein noch viel schlechteres Ergebnis kreieren!

So kann zum Beispiel die Absicht des Unternehmens, einfache Erlebnisse zu erzeugen, von den Produkten und Dienstleistungen, die es letzten Endes entwickelt und vertreibt, ins Absurde geführt werden. Wenn das Unternehmen dazu auf allen Kanälen Einfachheit propagiert, aber die Inbetriebnahme eines seiner Produkte dem Nutzer eine Ausbildung in Nukleartechnologie abverlangt, wird jedem Konsumenten schnell klar: Hier erlebt man die versprochene Einfachheit nicht! Das Erlebte ist in Wahrheit eine Abbildung der Organisationsstruktur, wo alle, jeder für sich, aber völlig losgelöst vom gemeinsamen Versprechen, an einer (Teil-) Lösung arbeiten. Was allen – und vor allem dem Kunden – fehlt, ist die Integration, die Verbundenheit und Anteilnahme am gemeinsamen Unternehmen. Verbundenheit und Anteilnahme brauchen aber eine Führung – eine Partitur für die gemeinsame Unternehmensaufführung!

Aber wie kann man nun bewirken, dass sich die Kollegen in den Silos oder in den verschiedenen Agenturen einer Designführung fügen wollen und können? Welches verbindende Element muss man erzeugen, dass sich alle miteinander verbunden fühlen, ohne dass man sie in ihrer spezifischen Arbeit hindert? Vor allem Kreative lassen sich nicht über eine direkte Kontrolle führen: Das würde ihre Kreativität einengen und sie demotivieren. Vielfach versucht man es über einen Creative Director, der wie ein Dirigent die Designarbeit lenkt und kontrolliert, oder über ein Meta-Thema, das als Leitbild für alle Beteiligten Richtung und Lenkung bietet. Die koordinierte Entwicklung und Umsetzung eines Markenerlebnisses über alle Berührungspunkte zum Markt und zum Kunden ist eine umfassende und anspruchsvolle Tätigkeit – eine der anspruchsvollsten im Unternehmen!

Da die Berührungspunkte von verschiedenen Organisationseinheiten erzeugt und betreut werden, artet die Koordination leicht zu einem Spießrutenlauf aus! Mindestens drei dominante Organisationseinheiten buhlen um die Hoheit des Kundenerlebnisses und erzeugen, wenn keine Koordination erfolgt, jede für sich ihr eigenes »Erlebnis«:

- Das Markenmanagement entwickelt eine Markenpositionierung und kommuniziert diese über die Kanäle, die sie betreut und entwickelt, in den Markt hinein mit dem Ziel, die Marke zu differenzieren.
- Die Entwickler und Produktmanager arbeiten hart an der Entwicklung von Produkten und Leistungen, die in Form von Leistungsversprechen kommuniziert werden. Hiermit will man sich gegenüber den Leistungen der Konkurrenz absetzen.
- Zu guter Letzt sind noch die Kollegen von der Vermarktung und dem Vertrieb am Zug, die mit Werbeversprechen den Markt bedienen und darauf hoffen, mit ihrer Kommunikation die Kunden zu überzeugen, bevor das einem Konkurrenten gelingt.

Nicht selten endet dies in einer Unstimmigkeit, wo die Versprechen der einzelnen Abteilungen nicht das Gleiche aussagen. Zurück bleibt der Kunde, der sich keinen Reim auf das Ganze machen kann. Wie so etwas entsteht und wozu das führt, möchte ich Ihnen anhand der folgenden Geschichte aus meiner Zeit als angestellter Designer erzählen.

1.9 Die Lektion von Sandy

In der Rolle des Designchefs eines Unternehmens der Unterhaltungselektronik, das unter erheblichem Druck stand, sich im Markt zu behaupten, stand ich einst vor der Aufgabe, durch neue Designlösungen dem Business zu mehr Auftrieb zu verhelfen – bisher lief es gar nicht gut.

Die Probleme des Unternehmens waren offensichtlich: Jede involvierte Abteilung – also auch die Designabteilung – versuchte zwar, nach bestem Gewissen ihren Beitrag zu leisten, doch ein stimmiges Kundenerlebnis wollte sich nicht einstellen. Dementsprechend stagnierte der Absatz und die Handelspartner waren kurz davor, dem Ganzen ein Ende zu bereiten, denn:

- Die Produktmanager kauften die Produkte – PC-Mäuse, Tastaturen und Lautsprecher – in Fernost bei einem Lieferanten ein, wo sich auch die Mitbewerber bedienten ...
- Die Designer durften nur das Logo der Marke applizieren und eine Verpackung gestalten, jedoch war das Produktdesign vom Lieferanten vorgegeben und dementsprechend »austauschbar« ...
- Die Kollegen vom Vertrieb schauten vor allem auf ihre Handelskunden und versuchten einfach nur Geschäfte zu machen. Die Endkunden im Laden und vor den Regalen hatten sie nicht im Sinn...

Dabei kamen herzlose Angebote heraus, die letztlich weder den Handel noch die Endkunden überzeugten. Es war daher auch kein Wunder, dass niemand im Unternehmen sich wirklich für dieses Business begeistern konnte und man es nur halbherzig betrieb.

Also gab es für die Verantwortlichen nur zwei Optionen: entweder sofort aufhören und das Geschäft beenden oder eine neue Form finden, es zu tätigen. Da das Business im Prinzip lukrativ war, entschied man sich für die zweite Option und wagte einen Neuanfang. Im Zentrum stand dabei die Neugestaltung der Produkte aus eigener Kraft: Die eigene Identität sollte für eine klare Differenzierung sorgen und sowohl den Handel als auch die Kunden überzeugen.

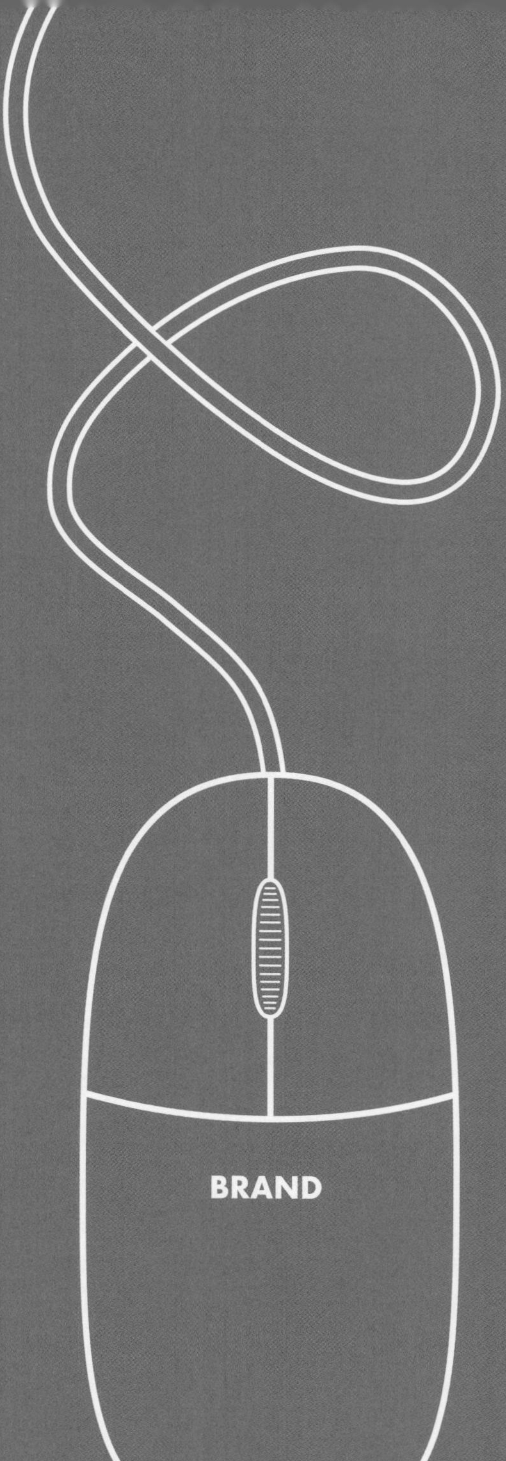
BRAND

1.9.1 Sandy aus Markensicht

Die Designer begannen beim »Warum« der Unternehmung. Zusammen mit den Kollegen aus dem Markenmanagement entwickelten sie eine »Persona« (eine fiktive, aber »menschliche« Persönlichkeit), die exemplarisch für die Werte und das Versprechen des Unternehmens stand. Indem die Persona verkörperte, wofür das Unternehmen wirklich stand – und was auch letztlich die Kunden wertschätzen würden –, nämlich klare und eindeutig artikulierte Werte und Vorhaben, wollten sie die Voraussetzung dafür schaffen, dass eine »persönliche« Beziehung zwischen Unternehmen und Kunden entstehen kann und nicht nur eine rein »geschäftliche«.

Die Persona des Zielkunden wurde daher mit den gleichen Werten des Unternehmens versehen, was die Identifikation vereinfachte: Die Zielkunden nutzen technische Produkte zwar gerne, aber nur als Mittel zum Zweck. Und dementsprechend muss die Nutzung einfach, zielführend und unterstützend im Alltag sein.

Dass diese Persona weiblich war – man nannte sie Sandy –, entsprach ganz der Persönlichkeit der Marke und nicht etwa dem Bedürfnis der – meist männlichen – Kollegen des Entwicklungsteams: Nein, das Unternehmen besaß selbst die Charakteristik und die Markenattribute, die man als weiblich einstufen kann. Das Bedürfnis nach Gemeinschaft, Freude und Einfachheit ist universell – und auch auf Männer zutreffend, aber eben nicht für jeden Menschen gleichermaßen wichtig.

Die Persona der Sandy wurde letztlich so detailliert beschrieben, dass die Kollegen begannen, sich mit ihr zu identifizieren, und anfingen, sie wirklich zu »mögen«. Es war somit ganz einfach geworden, sich vorzustellen, für sie passende und relevante Erlebnisse zu entwickeln! Designer benötigen »Personen« aus Fleisch und Blut und eben kein trockenes Spezifikationsblatt – Kundenzentrierung braucht »echte« Kunden, mit denen man sich identifizieren kann!

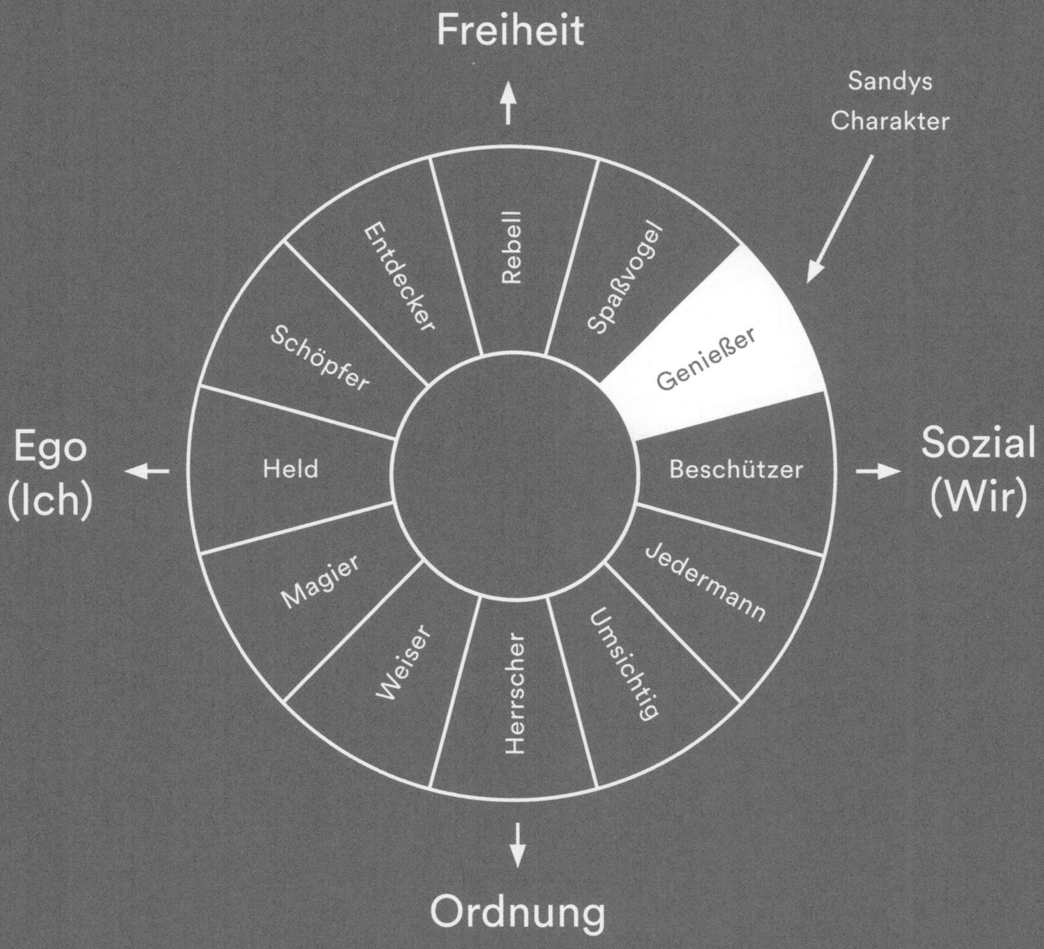

Der »Character Wheel«
(nach Mark & Pearson, The Hero and the Outlaw)

1.9.2 Sandy aus Designersicht

Mit Sandy als Zielperson im Sinn, machten sich die Designer auf, um eine passende Gestaltsprache für die Produkte zu entwickeln, die sowohl der Markenidentität entspräche als auch »Sandy« gefallen würde. Schnell fanden sich Konzepte, die eine Antwort auf Sandys Bedürfnisse waren und zudem eine Formensprache hatten, die sie ansprechen würde: sanfte Formen, saubere und farbenfrohe Oberflächen sowie eine klare Gliederung von Funktion und Handhabung. Entsprechend wurden auch die Verpackungen gestaltet, sodass Sandy die Vorzüge der Produkte rasch erkennen würde, wenn sie selbst vor dem Regal im Geschäft stünde.

Erst jetzt würden die Produkte im Katalog, zusammen mit allen anderen Angeboten der Marke, ein harmonisches Bild abgeben und nicht, wie bis dahin, als Fremdkörper einer ominösen Zweitmarke wirken (was sie ja eigentlich waren).

Die Konzepte wurden einer Fokus-Gruppe[6] vorgelegt, die erstmalig nicht nach demografischen Gesichtspunkten (nach Alter, Geschlecht, Einkommen…) zusammengestellt wurde, sondern nach den Persönlichkeitsaspekten von Sandy (Werte, Bedürfnisse, Präferenzen…).

Man hatte also Menschen wie Sandy eingeladen und war entsprechend gespannt, ob sie die Konzepte verstanden und auch mochten: Sie taten es! Und obwohl man die Produktmuster ohne Markennamen präsentierte, mutmaßten einige sogar richtig, wer dahinterstecken könne – ein erstes Indiz dafür, dass man mit der Designsprache richtiglag.

Gestärkt vom Ergebnis dieser Tests, vertrauten nun auch die Produktmanager der eingeschlagenen Richtung. Jetzt stand einer erfolgreichen Markteinführung nichts mehr im Wege – so dachten die Designer …

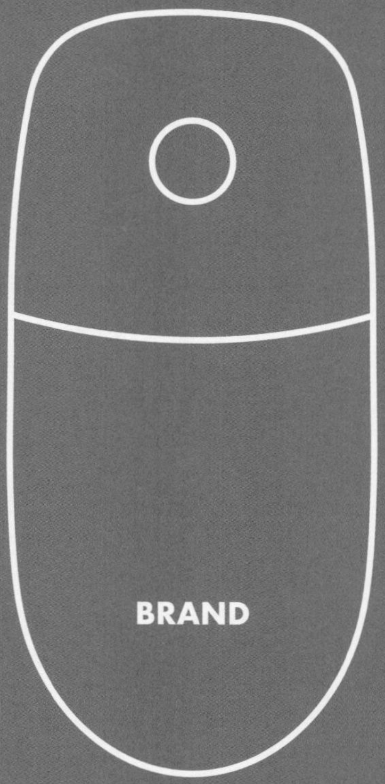
BRAND

1.9.3 Was die Entwickler dachten…

Die bisherigen Produkte (PC-Mäuse und Zubehör) wurden allesamt in China, quasi vom Regal weg, eingekauft und waren technisches Mittelmaß. Jetzt, mit gestärkter Motivation, beschloss der CEO, es sollte auch einen Auftrag an die Kollegen in der Entwicklung geben, die Funktionalität zu verbessern. Denn es beunruhigte ihn und die Produktmanager, dass es in der neuen Produktpalette kein technisches Feature gab, womit man sich von der Konkurrenz abheben konnte. Und ausschließlich mit einer neuen Designsprache wollte man nicht zum Markt – es musste auch etwas her, über das man sich unter Fachleuten unterhalten konnte und das den Handel ansprechen würde!

Also griffen die Entwickler in ihre Zauberkiste und heraus kam die damals schnellste Laseroptik für Computermäuse, was einen bemerkenswerten technologischen Vorsprung bedeutete. Damit ließ sich die Computermaus jetzt auch auf Glas nutzen, das war konkurrenzlos! Um dieses Feature näher zu erläutern, wurde eigens eine Demo angefertigt, damit man es dem Handel auch vorführen konnte.

Leider hatten die Entwickler Sandy nie kennengelernt: Sie hätten schnell verstanden, dass sie von diesem technischen Feature nicht beeindruckt gewesen wäre, genauso wenig wie von diesem »Dongle«, den man in seinen Laptop stecken muss, um das Gerät überhaupt zu nutzen. Die Produktmanager hatten schlichtweg vergessen, Sandy, von der sie dachten, dass sie für die Designer »gedacht« war, auch den Entwicklern vorzustellen. Beim besagten Test mit den Zielpersonen versagte das Feature auf der ganzen Linie: aber das Marketing liebte es dafür umso mehr…!

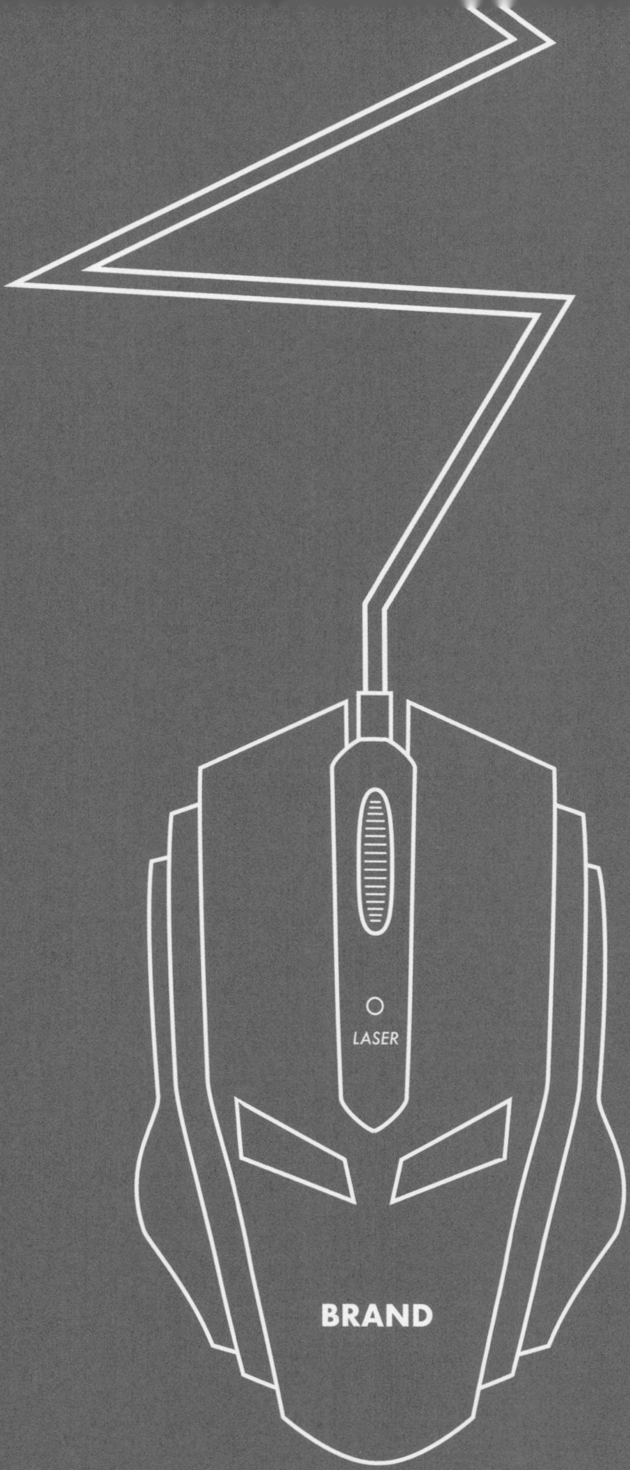
LASER
BRAND

1.9.4 Was die Marketer dachten ...

Die Kollegen der Marktkommunikation im Headquarter (die Designer und auch die Entwickler waren in einer anderen »Division« untergebracht) waren für die Kommunikation zum Markt verantwortlich. Sie arbeiteten mit Agenturen, die, von ihnen beauftragt, Werbematerial erzeugten und Anzeigen schalteten, sodass die Konsumenten von den neuen Produkten erfuhren. Zudem lieferten sie den Länderorganisationen Werbematerial, wie Kataloge, Faltblätter und dergleichen mehr, um den Vertrieb zu unterstützen.

Die Marketer überlegten, wie sie ihre Agentur am besten »briefen« (beauftragen) konnten und gleichzeitig sicherstellten, dass bereits laufende Kampagnen sinnvoll genutzt werden. Da man sich vor Kurzem dem Sportsponsoring zugewandt hatte (für viele Millionen Euro wurde in die Formel-1 investiert), wäre es doch dumm, dies nicht zu »leveragen« (auszunutzen)! Die beauftragte Agentur kreierte daraufhin eine Kampagne mit einem Jungen, der im Rennoverall (des gesponserten Teams!) die neuen Produkte zum Spielen am PC nutzte.

Als Briefing hatten die Werber, neben den Spezifikationsblättern der Produkte, den Marketing- und Businessplan erhalten.

Die »Persona« Sandy war den Kollegen im Marketing nicht bekannt und folglich schaffte sie es auch nie bis zur Agentur. Sandy hätte sich über diesen Jungen im Rennoverall amüsiert, aber das alles hätte für sie keinen Sinn ergeben.

Erst als die Designer mit der Agentur sprechen konnten – nachdem klar wurde, dass das Werbematerial nicht zum Marken- und Produktversprechen passt –, verstanden die Kreativen der Agentur den »Masterplan«: »Hätten wir Sandy kennengelernt, dann hätten wir diesen Burschen nie geschaffen – wie peinlich!« Aber leider waren alle Werbematerialien schon gedruckt ...!

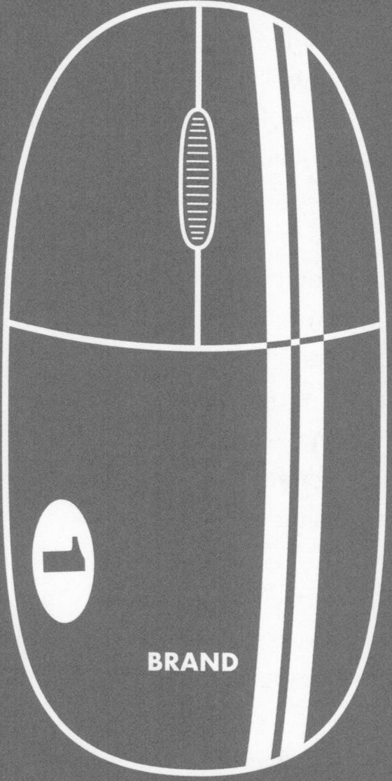
BRAND

1.9.5 Was die Vertriebskollegen dachten …

Als man nach der Korrektur der »Denkfehler«, die dem CEO erhebliche Durchsetzungskraft und obendrein Budget abverlangte, nun glaubte, der Weg für Sandy und ihr einheitliches Kundenerlebnis sei frei, meldete sich der Vertriebschef aus der deutschsprachigen Region. Er hatte die neuen Produkte auf einem Vertriebstreffen gesehen und war bei der Einführung durch die Produktmanager, zum ersten Mal seit langer Zeit, nicht davongelaufen: Die Produkte sähen anders und richtig gut aus! Seine Jungs vom Vertrieb fanden das auch und man könne verstehen, dass dies eine stimmige Sache ist und von der Marke her gedacht auch Sinn macht, aber er wisse beim besten Willen nicht, wie er das seinen Handelspartnern verkaufen könne. »Die sind doch alle auf Schwarz und billig gepolt. Außer vielleicht bei den Teilen von Apple, aber das ist ja Spielzeug für Fans!«

Er war es gewohnt, den Handel zu bedienen, aber nicht selber den Handel zu treiben. Daher orientierte er sich an den Handelsmerkmalen und den vorherrschenden »Category Codes« (dominanten Merkmalen einer Produktkategorie) und hatte keine passende Antwort parat, als der Handel fragte, warum jetzt alles so bunt sei. Die Einkäufer der Handelsketten dachten üblicherweise in Preispunkten und Spezifikationen und eben nicht in Kundenerlebnissen.

Erst als auch die Vertriebskollegen die Geschichte von Sandy wirklich verstanden und diese selbst weitererzählen konnten, wurde auch ihren Handelspartnern klar: Der Kunde braucht ein Erlebnis und nicht bloß beliebige Features!

Entsprechend gut war die Stimmung, als die Kollegen des Vertriebs statt sonst einen Regalmeter nun, mit der neuen Produktpalette, gleich drei Meter füllen durften. Und das Allerbeste: Gekauft wurden die Produkte auch noch, reichlich …!

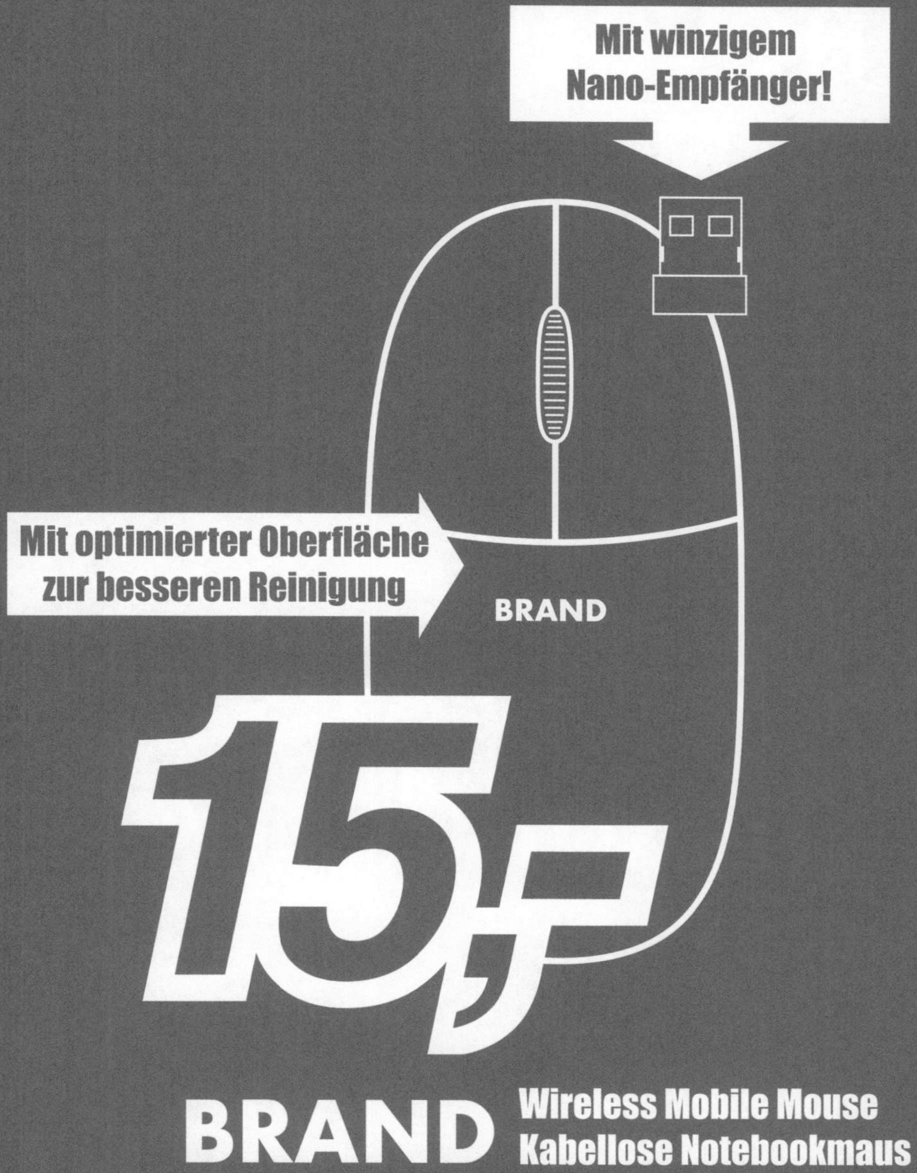
Mit winzigem Nano-Empfänger!
Mit optimierter Oberfläche zur besseren Reinigung
BRAND
15,-
BRAND
Wireless Mobile Mouse
Kabellose Notebookmaus

»Innovatives Design beginnt mit einem Konzept, gutes Design beim Kunden.«

1.10 Die Moral von der Geschichte

Die Geschichte von Sandy lehrte die Involvierten, dass gute Designarbeit allein nicht ausreicht: Es braucht die ganze Organisation, damit ein konzipiertes Kundenerlebnis auch wirklich koordiniert und orchestriert im Markt ankommt.

Gerade in großen, diversifizierten Organisationen entsteht ein Spießrutenlauf zwischen den vielen Abteilungen, wenn man ein Kundenerlebnis stimmig anbieten will. In einem Restaurant ist ein solcher Effekt schneller zu spüren: Die Arbeitsschritte der Erlebniserfüllung greifen dort direkt ineinander. In Großkonzernen jedoch wird das »Essen gekocht« und kommt oft erst Jahre später beim Kunden auf den Tisch!

Daher liegt die besondere Anforderung in einem diversifizierten Unternehmen darin, die Erlebnisgestaltung direkt mit der Erlebniserfüllung zu koppeln, auch wenn diese zeitlich und räumlich weit auseinanderliegen.

Um diese »Verbindung« zu gewährleisten, braucht es eine Designstrategie, die man in allen Phasen der Entwicklung, der Umsetzung und des Vertriebs konsultieren kann, und eine Designführung, die alle zur stimmigen und konsistenten Umsetzung leitet. Gutes Design ist wie gute Musik: Eine schlechte Aufführung kann alles vermasseln! Mein Tipp für Silo-Organisationen: Kreieren Sie eine Persona – wie Sandy – und lassen Sie diese in Ihrem Unternehmen überall »Platz nehmen«! Sie soll sich in Ihre Vorstandssitzung setzen, in der Entwicklungsabteilung mitmachen und mit den Vertriebskollegen auf Kundenbesuch gehen. Sobald Ihre Persona etwas nicht versteht, bauen Sie gerade an einem Erlebnis, das auch Ihre Kunden nicht verstehen werden!

[Man kann dies sogar praktisch umsetzen, indem man Schauspieler engagiert, die sich voll und ganz in die Rolle der Persona einleben. Machen Sie es sich zur Gewohnheit, diese Schauspieler als lebende »Challenger« agieren zu lassen, und Sie werden merken, dass Sie viele Entscheidungen überdenken werden!]

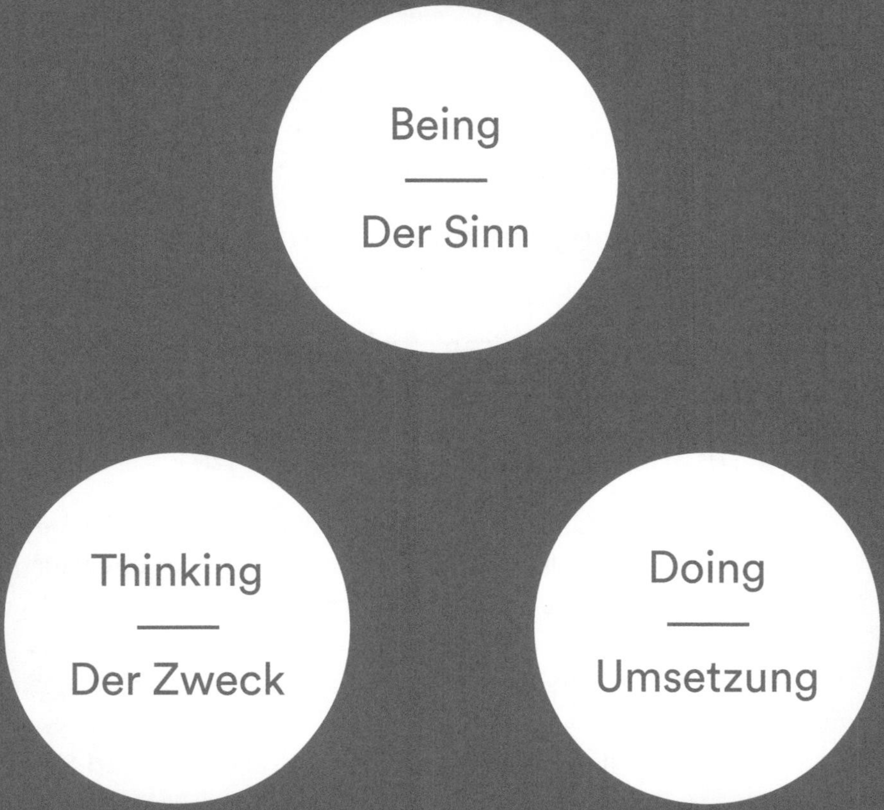
Being
Der Sinn
Thinking
Der Zweck
Doing
Umsetzung

1.11 Design im guten Unternehmen

Damit ganzheitliche Kundenerlebnisse entstehen, ist Gestaltung immer die Aufgabe des gesamten Unternehmens: Es reicht nicht aus, nur einen fähigen Designer zu beauftragen mit der Bitte, ganzheitliche Kundenerlebnisse zu gestalten. Erst wenn auch die Prozesse so gestaltet sind, dass diese Designarbeit bewusst von allen Mitarbeitenden verstanden, getragen und umgesetzt wird, können wirklich stimmige Erlebnisse entstehen.

Erst wenn ein Unternehmen versteht, dass es selbst ein gutes Design braucht, um das, womit es Sinn stiften möchte, effektiv zu gestalten, können Erlebnisse von allen Involvierten konsistent offeriert werden. Design ohne die entsprechende Designführung ist bloß ein Lippenbekenntnis!

Bei der Entwicklung einer kundenzentrierten Unternehmensstrategie muss man daher zwingend darauf achten, dass man das Design umfassend in der Unternehmensführung verankert (wie in Kapitel 1.6 beschrieben): Neben der konkreten Umsetzung – durch Gestalterspezialisten im Hause oder bei externen Agenturen, die sich mit dem *Design Doing*, der Umsetzung des Designs, beschäftigen – gilt es, noch zwei weiteren Aspekten des Designs einen festen Platz im Unternehmen zu sichern: dem *Design Thinking*, dem Prozess des Designs, und dem *Design Being*, der Designstrategie.

Unternehmen, die es schaffen, eine umfassende Designführung über diese drei Ebenen zu etablieren, stellen so sicher, dass strategische Fragen, die zum Beispiel die Geschäftsstrategie betreffen, immer in Verbindung stehen mit operativen Fragen, welche die Geschäftsumsetzung betreffen. Daher sind die im Folgenden beschriebenen Ebenen der Designführung immer im Zusammenhang zu sehen: Man kann sie einzeln erfassen und beschreiben, aber nur miteinander verbunden ergeben sie eine umfassende Designführung!

Die Geschäftsumsetzung oder auch das Handeln eines Unternehmens:
Wie setze ich etwas um?

1.12 Design Doing

Die Arbeit von professionellen Gestaltungsspezialisten in Unternehmen befasst sich primär mit der Formgebung der Berührungspunkte, die Kunden mit dem Unternehmen haben. Je nach »Touch Point« sind spezifische, dem Medium entsprechende Designfertigkeiten gefordert: Produktdesigner gestalten Produkte, Software und Systeme. Grafikdesigner kümmern sich um die visuelle Kommunikation, die Verpackungen und Broschüren, Kommunikationsdesigner um die visuelle Erscheinung. Des Weiteren bearbeiten Webdesigner die Onlineportale, UI-Designer die Nutzerschnittstellen und Servicedesigner erzeugen Dienstleistungskonzepte. Eine ganze Armee von fähigen Gestaltern legt Hand an, damit die Identität eines Unternehmens zum Kunden getragen werden und somit ein Kundenerlebnis auch erlebt werden kann.

Ein wichtiges Ziel der Designmaßnahmen in einem Unternehmen ist, die Berührungspunkte, die es mit Kunden und dem Markt hat, in einer bestimmten, der Unternehmensidentität entsprechenden Form zu gestalten. Denn erst durch die Arbeit der Designspezialisten wird das, was ein Unternehmen nach außen trägt, mit einem »Absender« versehen und kann sich so von den Angeboten anderer Anbieter differenzieren. Ein »Corporate Design« (CD) ist dabei ein probates Mittel, das dafür sorgt, dass sich diese Differenzierung gleichförmig in allen Designaktivitäten wiederfindet.

Das Design Doing hat aber genau hier seine Tücken: Die involvierten Designspezialisten richten ihre spezialisierten Fertigkeiten nämlich auf unterschiedliche Touch Points, die aber nicht zwangsweise direkt miteinander in Verbindung stehen. Ein Produktdesigner hat in der Regel nie Kontakt zum Grafikdesigner, der, zeitlich und räumlich versetzt, am Kommunikationsdesign arbeitet. Entsprechend heterogen ist die Designbranche, wo sich viele um das Design kümmern, aber jeder für sich eine eigene, auf die Spezialisierung ausgerichtete Arbeitsmethode und Sicht hat. Da kommt es öfter vor, dass zum Beispiel die Produktdesigner die Vorgaben eines CD ignorieren und selber »Hand anlegen«. Oder dass Kommunikationsdesigner eine Kampagne konzipieren, die mit dem Ziel des Produktdesign nicht zwingend etwas zu tun hat. Eine Orchestrierung des Design Doing ist daher die Voraussetzung, wenn man ganzheitliche Kundenerlebnisse liefern will.

Das Risiko, dass Designspezialisten den »Ton« nicht treffen, ist groß, eben weil sie räumlich und zeitlich losgelöst voneinander arbeiten. In guten Unternehmen wird darum das Design Doing bewusst koordiniert und geleitet: Entweder durch eine interne Stabsstelle (zum Beispiel über das Designmanagement), die mit Designprinzipien und CD-Richtlinien zu einer stimmigen Umsetzung beiträgt, oder durch eine fähige und kompetente »Kreativdirektion«, die quasi als Dirigent den Taktstock für alle beteiligten Designspezialisten schwingt.

Welches System nun am besten funktioniert, hängt vom Unternehmen ab, von der Größe, der Komplexität und den verfügbaren Kompetenzen, sowie von der Unternehmenskultur: Manche fahren ein striktes Regime mit enger Führung und Kontrolle (zum Beispiel Apple), andere setzen auf ein breites Verständnis bei allen Mitarbeitern (dm, Starbucks etc.) – beide Wege sind, wenn gut umgesetzt, auch zielführend.

Das »Design Doing« – die oben aufgeführte Umsetzung im Design – ist elementar für jedes Unternehmen, jedoch muss es nicht zwangsläufig Teil der Organisation sein: Zahlreiche fähige Agenturen und Freelancer stehen bereit, um mit ihrer Expertise und Kenntnis sich am Design Doing zu beteiligen. Viele erfolgreiche Unternehmen verlassen sich auf starke Agenturen und erzeugen trotzdem Konsistenz und Kohärenz. Andere Unternehmen sehen jedoch die operationelle Designarbeit als wichtigen Bestandteil ihrer eigenen Organisation und integrieren diese daher direkt in ihr Unternehmen (und bieten so vielen Designern eine Beschäftigung).

Welches hier der richtige Weg ist, hängt natürlich vor allem von der Orientierung des Unternehmens ab und davon, in welchem Geschäftsumfeld es tätig ist. Zum Beispiel werden herstellende Betriebe mit einer tiefen Integration für eine interne Designumsetzung plädieren;

die Technologiekenntnis der Designer ist hier oft Teil des Wettbewerbsvorsprungs. Andere, zum Beispiel dienstleistungsorientierte Unternehmen, arbeiten in der Regel eher mit externen Designlieferanten aufgrund deren Markt- und Kommunikationskenntnissen.

Essenziell für ein effektives Design Doing im Unternehmens ist, neben der Orchestrierung der Umsetzung, vor allem, ob es dafür ein umfassendes Briefing gibt, das idealerweise auf der Grundlage eines umfassenden »Design Thinkings«[7] erarbeitet wurde. Denn die Qualität des Ergebnisses aus dem Design Doing ist immer nur so gut wie die Qualität des Briefings, das dieses Design Doing beauftragt. Je fähiger die Designer im Design Doing sind, umso mehr fällt es auf, wenn das, was sie gestalten, inhaltlich nichts hermacht – »Rubbish in, is rubbish out!«

Um das Design Doing zu führen, braucht es klare und verständliche Designprinzipien, die in der Umsetzung von Kundenangeboten dazu führen, dass Konsistenz und Stimmigkeit aller Berührungspunkte erreicht wird.

Aspekte in Bezug auf gutes Design Doing

- Design Doing umfasst alle Elemente der Geschäftsumsetzung.
- Die Designmaßnahmen an den Touch Points werden inhaltlich über Designprinzipien koordiniert.
- Designprinzipien leiten sich aus der Markenpositionierung ab und beinhalten CD-Richtlinien.
- Eine koordinierende Funktion (Designmanagement) gewährleistet Zugang zu professionellen Designspezialisten und die stimmige Umsetzung von Touch Points.

→ Designarbeiten werden von umfassenden Design-Briefings initiiert: Diese beinhalten die Designprinzipien und eine Übersicht über das angestrebte Kundenerlebnis (Customer Journey).

→ Alle involvierten »Design Doer« werden über die Designprinzipien und das Designmanagement miteinander »verbunden« – auch wenn sie isoliert voneinander arbeiten.

→ Die »Design Doer« sind professionelle Gestaltungsspezialisten, die ihr Handwerk verstehen!

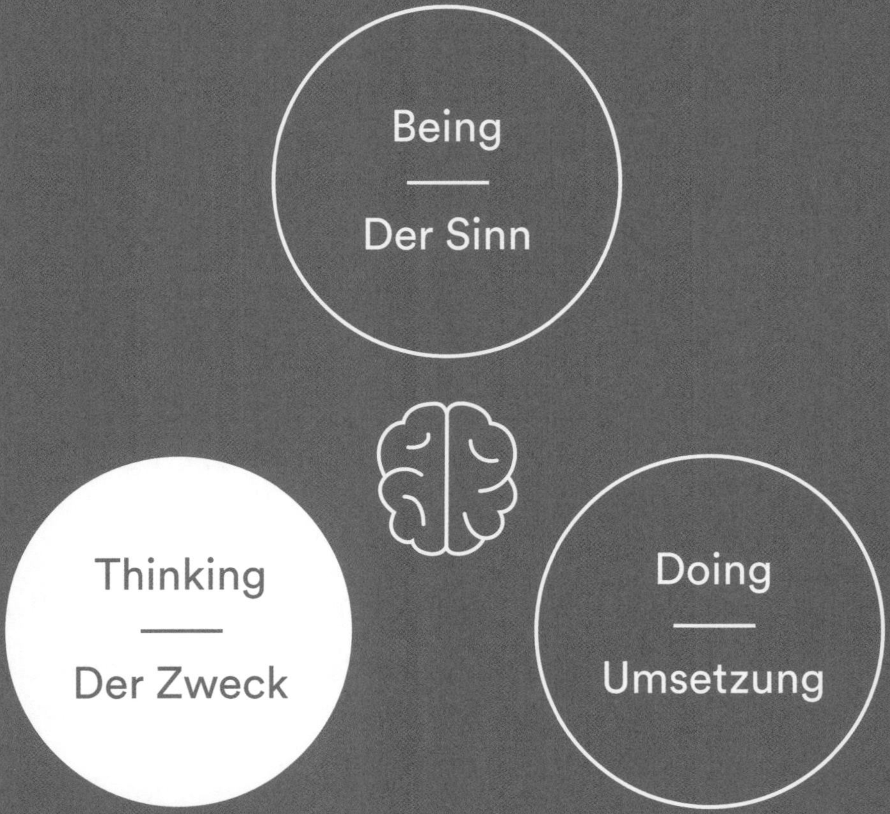

Die Geschäftsentwicklung oder auch das Denken eines Unternehmens:
Was biete ich an?

1.13 Design Thinking

Design Thinking ist eine Methode, um die Innovationskraft von Unternehmen zu stärken und diese zu befähigen, kunden- und nutzerorientierte Lösungen zu entwickeln. Die Grundprinzipien, die Design Thinking einsetzt, sind entweder prozessorientiert (wie iteratives, schrittweises Vorgehen, konstruktives Feedback, prototypische und experimentelle Entwicklung) oder sie fordern eine entsprechende Grundhaltung, die in der Organisation und bei den Teilnehmenden vorhanden sein muss (wie Empathie, Fehlertoleranz, Autonomie, Multidisziplinarität und Neugierde).

Die Methode des Design Thinking entstand als Alternative zu der primär deduktiven Vorgehensweise der Techniker, als man immer häufiger feststellte, dass eine technologische Fokussierung allein nicht ausreicht, um für Kunden und Nutzer relevante Lösungen zu entwickeln. Innovationen, die zu reichhaltigen und relevanten Kundenerlebnissen führen, müssen, so die Initiatoren des Design Thinking, die Wirtschaftlichkeit und die Technologie auf menschliche Bedürfnisse ausrichten, ganz nach dem Motto, dass Innovationen *von* Menschen *für* Menschen gedacht sind.

Gepaart mit dem Wandel, der wachsenden Komplexität durch Digitalisierung und den daraus entstehenden Herausforderungen in Unternehmen sowie der Suche nach einer verbindenden und integrierenden Sinnstiftung, kann Design Thinking auch über seine Rolle in der Angebotsentwicklung hinaus wirken: Als kreatives Tool konzipiert, kann das Design Thinking eine methodische Rolle im Wandel des Unternehmens erfüllen, indem es Werkzeuge bereitstellt und in seiner Vorgehensweise konsequent den Kunden (Menschen) in den Mittelpunkt rückt. Das Design Thinking wird somit zur operativen Umsetzung einer Unternehmensphilosophie, die mensch-zentriert und ganzheitlich ausgerichtet ist. Damit Design Thinking diese Rolle einnehmen kann, muss die Organisation ihm diesen Platz auch einräumen: Sie muss das Design Thinking und seine Grundprinzipien umfassend integrieren. Effektives Design Thinking kann sich nur in »integrierten Organisationen« optimal entfalten – in einer »guten« Organisationsform, so wie dies bereits beschrieben wurde: dort, wo ein Design Being (ein umfassendes Designbewusstsein) vorhanden ist!

Jedoch hat das Design Thinking – wie auch das Design selbst – oft die Rolle, in festgefahrenen Strukturen oberflächlich für eine Alternative zum Standardprogramm zu sorgen. Viele Design-Thinking-Workshops werden in der Hoffnung initiiert, dass die Ergebnisse aus diesen Aktivitäten neue, bahnbrechende Ideen abwerfen würden. Und manchmal gelingt es auch, die zündende Idee zu finden.

Wie das Wort es schon ausdrückt: Design Thinking ist ein »Denken« und nicht zwingend ein »Machen«! Es braucht eine Organisation, welche die Gedanken in die Realität überführen kann, nämlich aus einer Idee ein relevantes Erlebnis für den Kunden zu erzeugen. Daher ist die Arbeit an einer Idee (und dem Design Thinking) auch immer eine Arbeit an der Organisation!

Die Umsetzung einer designgetriebenen Idee braucht einen ebensolchen Prozess: einen, der an den Meilensteinen und bei Entscheidungen nicht nur die Zweckerfüllung, sondern auch die Sinnerfüllung hinterfragt. Lösungen sind in der Regel zweckorientiert, die Probleme der Kunden jedoch sind sinnstiftend.

Aufgrund dieser Ausgangslage setzt der Designprozess immer beim Problem des Kunden an und eben nicht bei der Lösung des Unternehmens. Dieser auf den Kunden zentrierte Prozess (oft auch als Human Centered Design[8] bezeichnet) fordert die Organisation bei Entscheidungen auf, immer sinnorientiert zu handeln und somit im Sinne des Kunden zu entscheiden. Was folglich für den Kunden keinen Sinn stiftet, sollte die Organisation nicht umsetzen – auch dann nicht, wenn die Lösung für den einen oder anderen selbst sinnvoll wäre.

Gutes Design Thinking erzeugt nicht nur zweckvolle Ideen, sondern filtert die sinnvollen heraus und erzeugt so jene Kundenangebote, die in der Umsetzung durch fähige Design Doer zu herausragenden Kundenerlebnissen werden.

Für das Führen des Design Thinking braucht es klare, designorientierte Prozesse, die Entscheidungen immer im Sinne des Kunden fällen und dabei die Beziehung zwischen den Kunden und dem Unternehmen fördern, also Sinn stiften.

Aspekte in Bezug auf gutes Design Thinking

→ Design Thinking umfasst alle Elemente der Geschäftsentwicklung.

→ Design Thinking involviert alle Mitarbeitenden und Organisationseinheiten.

→ Es erfordert eine Kultur der Kundenzentrierung.

→ Es liefert den Prozess für designhaftes Entwickeln.

→ Design Thinking überführt den Sinn des Unternehmens in einen konkreten Zweck.

→ Es liefert so ein umfassendes Briefing für ganzheitliche Kundenerlebnisse.

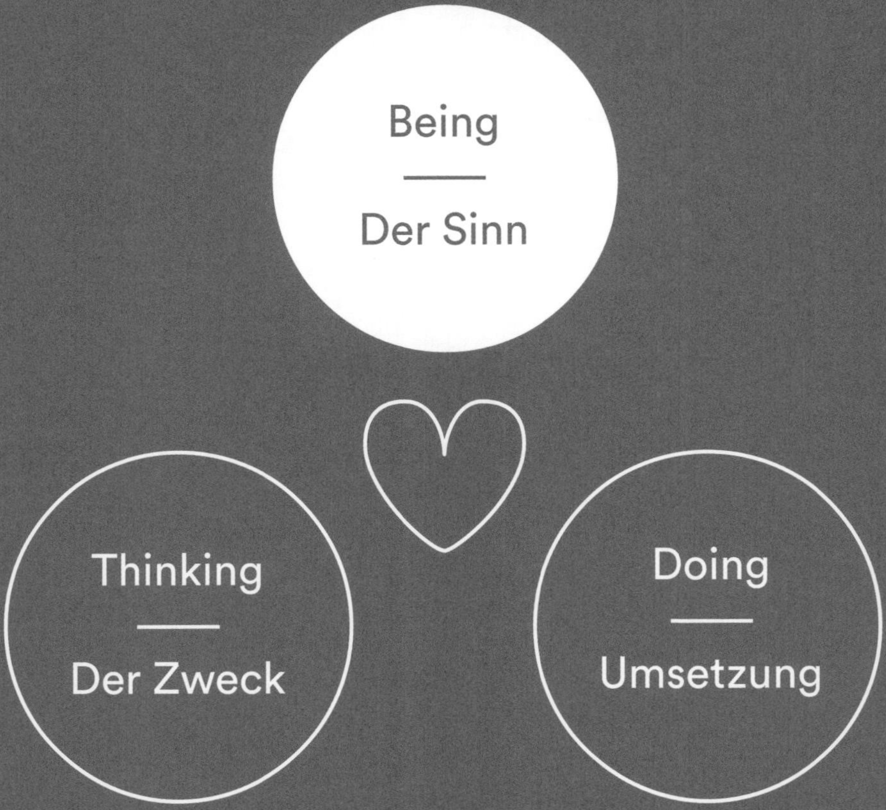

Die Geschäftsstrategie oder auch das Herz eines Unternehmens:
Warum bin ich da?

1.14 Design Being

Neben der Kompetenz, Design Thinking umzusetzen, braucht eine Organisation vor allem die Fähigkeit, beides effektiv in ihre Strukturen und Prozesse zu integrieren und als Teil der Kultur zu leben. Kann die Organisation dies nicht leisten, wird das Design zu einer Form der »Ausschmückung«: Dann werden vielleicht neue, andersartige und kreative Methoden angewandt, aber sie finden in der zugrundeliegenden Organisation keinen Widerhall. In solchen Fällen findet das Design Thinking in Inkubatoren und Thinktanks statt, wo zwar kräftig »Design gedacht« wird, aber die Effekte außerhalb dieser Sub-Organisationen kaum spürbar werden. Dann geht das Design Thinking denselben Weg wie das gleichsam häufig nur hinzugefügte »Autoren-Design«, wo sich Unternehmen mit den Federn von identitätsfördernden Designmethoden und Designstars schmücken, sie selbst aber im Kern »ungestaltet« bleiben. Dort wird das Design Thinking zu einem Effekt, den man erzeugen will – aber kein fester Bestandteil der eigenen Kompetenz. Verhallt der Effekt, sobald die Designdenker weiterziehen, bleibt meist ein fahler Nachgeschmack zurück und man treibt die »nächste Sau durchs Dorf«.

Umfassende Organisationskompetenz – ein ausgeprägtes Designbewusstsein auf allen drei Ebenen: in der Umsetzung, in den Prozessen und in der Strategie – ist also eine Grundvoraussetzung, wenn man Designführung etablieren möchte.

Diese Voraussetzung ist nicht etwas, das man einer Organisation – etwa wie einen neuen Prozess – einfach hinzufügen kann: Es muss im gesamten Unternehmen gemeinsam entwickelt werden. Wer also Designführung effektiv etablieren möchte, muss zuerst seine Organisation effektiv gestalten. Nur wenn ein Unternehmen seine Organisation so gestaltet, dass sich auf der Basis eines (Design-)Bewusstseins – eines Design Being – effektives Design Thinking entfaltet, können wirklich mensch-zentrierte und für Kunden relevante Lösungen entstehen.

»Erkenne dich selbst, dann den Kunden!«

Peter Drucker

Triebfeder und »Sinnstifter« für dieses Bewusstsein ist immer der Kunde – Design ist die bewusste Entscheidung für Kunden (und somit auch für Mitarbeitende), Sinn zu stiften. Dies ist die Ausgangslage für Führungskultur und Startpunkt einer Führungskette, die mit der Strategie beginnt, dann die Prozesse und Entwicklung führt und letztlich mit der geführten Umsetzung »vor Kunde« endet.

Design Being meint also die grundlegende Unternehmenskompetenz, durch alle Abteilungen und Spezialisierungen hindurch an einer gemeinsamen, einheitlichen Erlebnisgestaltung zu arbeiten, ohne dass es dafür eine direkte Vorgabe oder Aufforderung braucht. Es ist vergleichbar mit dem Selbstverständnis, mit dem die Mitglieder einer Jazzband zueinanderfinden: Sie spüren den Takt, haben alle das Thema verinnerlicht und wissen genau, wie sie einander unterstützen müssen. In größeren Organisationen ist der Vergleich mit einem Symphonieorchester angebracht: Dort gibt die Partitur den Mitgliedern das Thema und der Dirigent den Takt vor – aufeinander hören und eingehen müssen sie aber wie selbstverständlich!

Wie im Beispiel des Orchesters übernimmt in Unternehmen das Design Thinking die Rolle der Partitur, indem es das Thema erarbeitet und herleitet, und die Designstrategie die Rolle des Dirigenten, indem sie den Kunden ins Zentrum stellt und somit den Takt für alle im Unternehmen vorgibt. Die Komposition – das, was letztlich das Angebot/das Leistungsversprechen jedes Unternehmens ist – stellt das Kundenerlebnis dar: Es ist das, was die Kunden zu »hören« bekommen und wofür sie, wenn alles harmonisch und stimmig aufgeführt wird, gerne bezahlen!

Design Being ist also zuerst eine Angelegenheit des Herzens, danach die einer Strategie und ihrer konsequenten Umsetzung. Wenn »das Herz« des Unternehmens nicht schlägt, hilft auch keine Verordnung – die würde eh nur an den Verstand appellieren. Weitsichtige Unternehmer wissen daher genau, dass sie den Sinn ihrer Unternehmung im Herzen aller Mitarbeitenden verankern müssen, damit keine Orientierungslosigkeit entsteht. Denn ist der Sinn (das Design Being) nicht überall gleichförmig zu spüren, wird Wildwuchs entstehen: Dann richten die einzelnen Bereiche das »Being« (ihre Sinnstiftung) auf ihre eigenen Ziele aus und das klassische Silodenken ist geboren. In einem solchen Zustand kann keine Organisation wirklich sinnvolle Produkte und Dienste erzeugen und an den Kunden bringen. Daher richten weit- und umsichtige Unternehmer ihre Führungsarbeit auf die Entwicklung des Design Being und entwickeln ihre Designführung: Sie wissen, dass ihr Unternehmen nur so gut sein kann, wie die Kompetenz ihrer Mitunternehmer es zulässt.

Ein Mittel, die Kompetenz des Unternehmens zu fördern, ist die bewusste Einführung eines Change Managements. Hier sollten allerdings die Vorzeichen richtig gesetzt sein: Nicht der Wandel zum effizienten, zweckorientierten Unternehmen sollte hier im Vordergrund stehen, sondern der Wandel zum effektiven, kundenzentrierten Unternehmen! Die sogenannte »Customer Centricity« hat das Effizienzdenken in vielen Unternehmen abgelöst. Den Kunden ins Zentrum zu stellen ist eine Kompetenz, die man nicht entwickeln kann, sondern muss!

Aspekte in Bezug auf gutes Design Being

→ Design Being umfasst alle Elemente der Geschäftsstrategie.

→ Das Unternehmen ist »integriert«: Es hat das funktionale und abteilungshafte Denken überwunden.

→ Das Unternehmen ist umfassend auf den Kunden zentriert.

→ Das Selbstverständnis aller Mitarbeitenden wird vom Sinn des Unternehmens geführt – Design ist Teil der Unternehmenskultur.

→ Die Mitarbeitenden reflektieren ihr Handeln und wissen genau, dass sie einen Beitrag zum Kundenerlebnis leisten.

→ Eine Designstrategie ist für alle richtungsweisend und somit führend.

→ Eine Designstrategie leitet Entscheidungen auch in den Bereichen wie Finanz, HR und Entwicklung.

1.15 Designkompetenz entwickeln

Design wird in Unternehmen tatsächlich unterschiedlich eingesetzt. Manche Unternehmen richten sich nur auf die Gestaltung ihrer Produkte und Dienste und gestalten entsprechend nur diese – sie beschränken sich auf das Design Doing. Andere nutzen Design umfassender, betreiben Design Thinking und gestalten dabei auch ihre Prozesse. Zu guter Letzt gibt es Unternehmen, in denen Design die Ausgangslage allen Handelns ist, in denen jede Entscheidung und somit auch die Sinnstiftung, aus der Designstrategie stammt – sie entwickeln ein Design Being.

Oft sind diese drei Aspekte des Designs nicht gleichmäßig verteilt, ausgeprägt oder vorhanden. Viele Unternehmen bleiben im Design Doing »stecken«, weil sie glauben, damit schon ausreichend kompetent zu sein. Andere hingegen entwickeln Design Thinking und erzeugen vielversprechende Konzepte, lassen aber das Doing und Being außen vor. Zudem finden sich auch viele Unternehmen, meist Start-ups, die, von einer Vision getrieben, ein starkes Design Being entwickeln, aber nicht das Thinking und Doing beherrschen, diese Visionen zum Markt zu führen.

Auch hier zeigt sich, dass eine umfassende, holistische Entwicklung der Designkompetenz nötig ist, wirklich herausragende Kundenerlebnisse zu schnüren. Es ist eine Führungsaufgabe, die drei Designaspekte des Doing, Thinking und Being zu entwickeln und miteinander in Einklang zu bringen. Hilfreich dabei ist sicherlich die Klärung, auf welcher Stufe ein Unternehmen Designkompetenzen bereits entwickelt hat und wo es »nachbessern« muss. Die Bestimmung des Statusquo, nämlich wo welche Designkompetenzen vorhanden sind, kann man gut anhand der Dänischen Designleiter[9] vornehmen. Diese sogenannte »Danish Design Ladder« beschreibt die drei Stufen der Designanwendung oder auch die Maturität ihrer Anwendung: Auf der ersten Stufe befindet sich das »Design as form-giving«, das Design Doing. Auf dieser Stufe wird Design im Unternehmen ausschließlich als eine Funktion in der Gestaltung von Endprodukten angewandt – Design begrenzt sich ausschließlich auf die Formgebung der Produkte und Dienste, fokussiert also auf die Geschäftsumsetzung.

Auf der zweiten Stufe wird Design als ein Prozess betrachtet, der die Entwicklung im Unternehmen lenkt. Hier wird das Design Thinking auch außerhalb der Designfunktion oder -abteilung gelebt und umgesetzt;

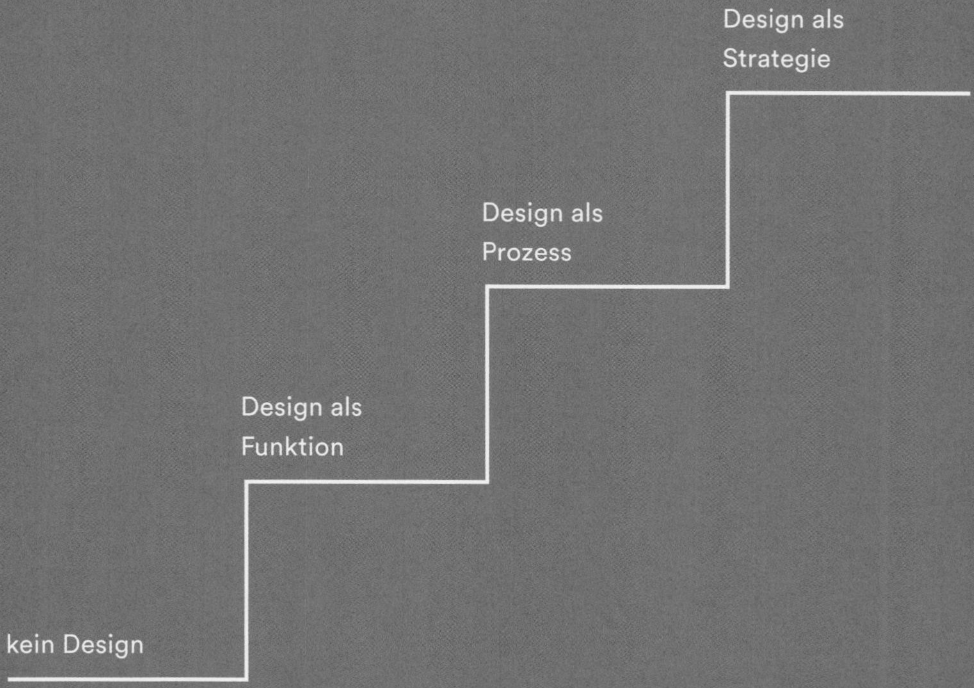

Die dänische »Design Ladder«

»Es kommt aufs Ganze an!«

das Unternehmen gestaltet auch die Interaktionen zwischen den verschiedenen Unternehmensbereichen mit dem Zweck, kundenzentrierte Lösungen zu entwickeln. Hier ist die Geschäftsentwicklung im Fokus.

Auf der dritten Stufe der Leiter wird Design als eine Strategie betrachtet, die den Sinn und Wert eines Unternehmens artikuliert. So wird eine Ausgangslage für koordiniertes und konsistentes Handeln in Bezug auf alle Gestaltungsaspekte eines Unternehmens geschaffen. Die Designfunktion braucht hierin die Entscheidungsbefugnis und sollte Teil der Geschäftsführung oder des Vorstandes sein. In dieser Rolle kann sie der Organisation auf Basis von Empfehlungen aufzeigen, warum konsistentes und stimmiges Zusammenarbeiten zu herausragenden Kundenerlebnissen – und somit zum geschäftlichen Erfolg – führt. Hier liegt der Fokus also auf der Geschäftsstrategie.

Anhand der Entwicklungsstufen (oder auch Organisationsebenen) kann man feststellen, wie kompetent ein Unternehmen in Sachen Design ist. Je nach Branche, Strategie oder Unternehmenspolitik ist die Entwicklungsstufe unterschiedlich ausgeprägt und entscheidet so über den Erfolg oder, früher oder später, über den Niedergang. Denn die Studie zur Dänischen Designleiter hat auch ergeben, dass jene Unternehmen, die Design als Strategie etabliert haben, verglichen mit ihren Mitbewerbern die Nase vorn haben.

Bevor man sich also in die Entwicklung seiner Designführung stürzt, sollte man die Entwicklungsstufe der eigenen Designkompetenz kennen. Man muss seine Designkompetenz umfassend entwickeln, wenn man sein Unternehmen effektiv führen will. Nicht jedes Unternehmen muss dabei zwingend die dritte Stufe erklimmen, um erfolgreich zu sein: Es genügt oft schon eine vehemente Fokussierung, die dafür sorgt, dass das Design »stufengerecht« entwickelt ist. Es gibt Unternehmen, die mit einem Fokus aufs Design Doing ausreichend kompetent sind und Erfolge einfahren: Die Gestaltung der Touch Points allein reicht dann schon aus, um sich vom Wettbewerber zu differenzieren und sich somit zu etablieren. Noch fällt den Kunden vielleicht nicht auf, dass die Touch Points eventuell nicht harmonieren oder dass die Angebote selbst wenig Sinn stiften …

Die Studien zur Dänischen Designleiter haben belegt, dass, je höher die Entwicklungsstufe des Designs im Unternehmen ist, desto

höher auch die Marktposition und Rendite jener Unternehmen ausfällt – und sich damit die Krisensicherheit erhöht. Und es ist den Kunden dabei völlig egal, ob man ein Haubenlokal führt oder nur Burger brät: Man muss das Kundenerlebnis immer ganzheitlich umsetzen und dabei alle Touch Points gleichermaßen stimmig gestalten, um auch wirtschaftlich erfolgreich zu sein. Wer seine Designstrategie über die Designführung umfassend anwendet, legt den Grundstein für die holistische Gestaltung seines Unternehmens – und für den Erfolg!

Das Modell der Designleiter impliziert, dass man die Stufen unabhängig voneinander, quasi von unten, erklimmen sollte, wenn man die Designkompetenz einer Organisation entwickeln möchte. Die unterste Stufe ist eine, die Unternehmen recht mühelos erwerben können, zum Beispiel indem sie eine Designabteilung einrichten, die zweite und dritte sind jedoch wesentlich komplexer und entsprechend schwieriger zu »erklimmen«. Diese erfordern eine Arbeit an der gesamten Organisation: Prozesse müssen eingeführt und durchgezogen werden, darüber hinaus müssen Strategien erfasst und unternehmensweit abgestimmt werden. Diese Arbeit erfordert Ausdauer und Kompetenz – Sie erfordert die Integration der Designführung in die Unternehmensführung!

Die Essenz ist, dass eine hohe Designkompetenz auf allen drei Stufen notwendig ist, will man Design umfassend führen. Tatsächlich darf man keine der Maturitätsstufen vernachlässigen und muss sie alle entwickeln: Ohne akribische Ausgestaltung ist eine Designstrategie gegenstandslos, ohne einen effektiven Designprozess kommt die Strategie nie beim Kunden an – dies geschieht nur, wenn die Führungskette geschlossen ist! Es braucht daher den Einklang von Sinn, Zweck und Mitteln, damit ein »gutes« Unternehmen entstehen kann.

Auch hier zeigt sich wieder: Es kommt aufs Ganze an!

Aspekte einer Designentwicklung

- → Feststellen, wie kompetent man ist: Wo sind Stärken, wo Schwächen?
- → Identifizieren, wo man Designkompetenz entwickeln möchte oder muss.
- → Die Entwicklung der Designkompetenz als Führungsaufgabe festlegen.
- → Abhängig von der Hierarchiestufe entsprechende Führungskräfte einführen.
- → Einen geschlossenen Kreislauf aus Messen, Analysieren und Entwicklung von Maßnahmen etablieren. Die »Designmaturität« wiederholt überprüfen und korrigierend eingreifen, wieder von vorn beginnen!

»Was du nicht messen kannst, kannst du nicht lenken!«

Peter Drucker

1.16 Designmaturität messen

Bevor man beginnt, die Designführung im Unternehmen zu entwickeln und sie auf die nächste Stufe zu heben, lohnt sich also der Blick auf das Unternehmen, um zu prüfen, ob sich die Mühe auszahlen wird. Ist zum Beispiel das Design nur als »Abteilung« vertreten und hat der Vorstand kein Interesse, sich um Designthemen zu kümmern, dann wird auch eine Designstrategie sich bestenfalls auf die Umsetzung richten. Um die richtigen Maßnahmen zu ergreifen, welche die Designkompetenz fördern, muss man zuerst deren Entwicklungsstand im Unternehmen genau kennen.

In der Übersicht der Indikatoren für Designkompetenz finden Sie die unterschiedlichen Aspekte der Designmaturität aufgeführt: Diese sind zugleich die Führungselemente, die jeweils auf der entsprechenden Hierarchieebene greifen. Führungskräfte können diese als Orientierung in ihrer Arbeit an der Gestaltung des Unternehmens nutzen und so deren Entwicklung leiten und messen. Denn was gemessen wird, wird auch getan!

Auf der Basis der Dänischen Leiter und des Modells der Designkompetenzen finden Sie im Folgenden eine Checkliste, mit der man die Designmaturität in Unternehmen erheben kann. Da diese Checkliste auch außerhalb von kommerziellen Unternehmen, zum Beispiel in Behörden und Verwaltungen, eingesetzt werden kann, wurde »Unternehmen« durch »Organisation« ersetzt. Denn auch das Steueramt kann und sollte ein Design Being entwickeln!

Auf den folgenden Seiten können Sie die Checkliste ausfüllen und einschätzen, wo Sie und Ihre Organisation stehen, wo Sie Stärken und Schwächen haben und welche Ausprägung die Maturität kennzeichnet. Und Sie können herausfinden, ob die Führungskette im Design geschlossen ist!

Einfach die Punktzahl ankreuzen und addieren:

Die Designaktivitäten werden von professionellen Designern ausgeführt

0	1	2	3	4	5
nie	selten	wenig	meistens	oft	immer

Designer sind Teil der Projektteams im Unternehmen

0	1	2	3	4	5
nie	selten	wenig	meistens	oft	immer

Designaktivitäten werden formell beauftragt und budgetiert

0	1	2	3	4	5
nie	selten	wenig	meistens	oft	immer

Designer arbeiten auf der Basis von verbindlichen Richtlinien

0	1	2	3	4	5
nie	selten	wenig	meistens	oft	immer

Designspezifikationen entstehen auf der Basis einer Strategie

0	1	2	3	4	5
nie	selten	wenig	meistens	oft	immer

Gesamtpunktzahl Design Doing

1.16.1 Unser Design Doing

0 bis 9 Punkte: Die Organisation setzt Design nur ad hoc ein; Design wird, wenn nötig, hinzugefügt. Man ist auf der Stufe null unterwegs und daher ein »Designpragmatiker«.

10 bis 19 Punkte: Die Organisation hat Design als nötige Aktivität erkannt und versucht, den Einsatz bestmöglich zu planen. Man wendet Design, wo möglich, an und setzt dafür professionelle Designspezialisten und -spezialistinnen ein.

20 bis 25 Punkte: Die Organisation beherrscht das Design Doing und kann in allen Belangen die Ideen und Strategien des Unternehmens effektiv umsetzen. In allen Projekten und Aktivitäten ist Design vertreten und es werden professionelle Designerinnen und Designer eingesetzt.

Einfach die Punktzahl ankreuzen und addieren:

Designer sind in ihrer Rolle im Unternehmen anerkannt

0	1	2	3	4	5
nie	selten	wenig	meistens	oft	immer

Alle Designaktivitäten werden unternehmensweit koordiniert

0	1	2	3	4	5
nie	selten	wenig	meistens	oft	immer

Es gibt einen eindeutigen und verbindlichen Designprozess

0	1	2	3	4	5
nie	selten	wenig	meistens	oft	immer

Designprinzipien werden im ganzen Unternehmen verbindlich angewandt

0	1	2	3	4	5
nie	selten	wenig	meistens	oft	immer

Designkompetenz wird im ganzen Unternehmen strukturell entwickelt

0	1	2	3	4	5
nie	selten	wenig	meistens	oft	immer

Gesamtpunktzahl Design Thinking

1.16.2 Unser Design Thinking

0 bis 9 Punkte: Die Organisation erachtet Design als die Aufgabe einer Abteilung und nutzt die Kompetenz nur isoliert. Die mangelnde Zusammenarbeit im Unternehmen verhindert ein umfassendes Design Thinking – man leidet unter Silodenken.

10 bis 19 Punkte: Die Organisation hat Design als relevante Kompetenz entwickelt, plant die Zusammenarbeit aktiv und nutzt Designrichtlinien. Man integriert das Design umfassend und ist bestrebt, Design als Prozess im Unternehmen zu etablieren.

20 bis 25 Punkte: Die Organisation »denkt« umfassend im Sinne des Kunden und kann so jene Lösungen konzipieren und gestalten, die Kunden wirklich brauchen und die zufriedene Kunden daher auch weiterempfehlen. Design ist als Prozess gänzlich etabliert und anerkannt.

Einfach die Punktzahl ankreuzen und addieren:

Nur die Designfunktion ist befugt, alle Designarbeiten durchzuführen

0	1	2	3	4	5
nie	selten	wenig	meistens	oft	immer

Die Vision des Unternehmens wird durch Prototypen »erlebbar« gestaltet

0	1	2	3	4	5
nie	selten	wenig	meistens	oft	immer

Die Designfunktion definiert ihr eigenes Budget und berichtet direkt an den Vorstand/Inhaber

0	1	2	3	4	5
nie	selten	wenig	meistens	oft	immer

Design-Direktiven sind für alle im Unternehmen verbindlich

0	1	2	3	4	5
nie	selten	wenig	meistens	oft	immer

Geschäftspläne entstehen auf der Basis einer Designstrategie

0	1	2	3	4	5
nie	selten	wenig	meistens	oft	immer

Gesamtpunktzahl Design Being

1.16.3 Unser Design Being

0 bis 9 Punkte: Die Organisation erkennt keinen Sinn in der strategischen Relevanz des Designs. Man betrachtet Design zwar als nötige Funktion, aber misst ihr keine übergeordnete Rolle bei. Die Organisation hat keine deutliche artikulierte Vision: Ein unternehmensweites Design Being ist nicht vorhanden.

10 bis 19 Punkte: Die Organisation entwickelt eine strategische Sicht auf das Design und ist bestrebt, Design als Kernkompetenz und als Mittel der Geschäftsführung zu verankern. Der Vorstand kommuniziert Designthemen und versucht, Design als Strategie und Mittel der Sinnstiftung zu etablieren.

20 bis 25 Punkte: Die Organisation vermittelt allen Involvierten den Sinn des Unternehmens und kann so gewährleisten, dass Mitarbeitende sich loyal und motiviert aufstellen und somit nachhaltig den wirtschaftlichen Erfolg sichern. Das Unternehmen hat ein umfassendes Design Being entwickelt und Design in seiner Strategie verankert.

1.17 Die Designmaturität

Und, wie ist Ihr Ergebnis ausgefallen? Hat Ihr Unternehmen eine umfassende Designführung oder arbeitet man noch an der Gestaltung des Briefpapiers? Keine Sorgen, nur wenige Unternehmen schaffen es bis zur obersten Stufe der Designleiter und erreichen dabei die volle Punktzahl ...

Hier Ihre Punktzahl: ☐

0 bis 29 Punkte: Die Organisation nutzt Design als Mittel und Zweck, ihre Produkte und Dienste marktkonform anzubieten. Sporadisch sind Designspezialisten am Werk, aber eine Strategie, die das Design Doing mit dem Design Thinking verbindet, ist nur schwach ausgeprägt. Man ist bestenfalls designbewusst.

30 bis 59 Punkte: Das Unternehmen pflegt einen Prozess, der das Design bewusst einsetzt. Kompetenzen sind vorhanden und werden weiterentwickelt. Man ist bestrebt, Design als Strategie zu etablieren.

60 bis 75 Punkte: Das Unternehmen schafft in allen Aspekten die Voraussetzung, Design als Strategie zu etablieren und zu führen. Eine geschlossene Führungskette über alle drei Ebenen ist vorhanden. Dabei sind nicht nur Profis am Werk, auch die Strukturen und Prozesse sorgen für eine effektive Umsetzung. Designentscheidungen sind verbindlich. Das Unternehmen investiert in Design und ist daher umfassend designkompetent: So sichert es sich einen nachhaltigen Wettbewerbsvorteil.

1.18 Formen der Designmaturität

Nicht jedes Unternehmen entwickelt seine Designkompetenz in der gleichen Art und Weise und manche Unternehmen weisen Stärken und Schwächen auf, die charakteristisch sind für die Eigenheiten der Unternehmenskultur, -struktur, der Führung oder der Inhaber. So entstehen auch Mischformen der Maturität, wo nicht jede Stufe »stufengerecht« ausgebildet und eine umfassende Führung nicht möglich ist.

Vielleicht erkennen Sie in Ihrem Unternehmen eine dieser Formen der Designmaturität?

Die Inkonsequenten

Der Vorstand hat Design als strategische Komponente festgelegt. Die Markenpositionierung stützt sich auf eine Designstrategie und will so umfassend Sinn stiften. Daher sind professionelle Designer eingebunden, die das Design Doing beherrschen.

Jedoch ist die Organisationsstruktur nicht geeignet, diese Elemente zu integrieren: Silo-Strukturen und »mechanistische« Prozesse verhindern die effektive Umsetzung der Strategie, die Produkte und Dienste sind bruchstückhaft umgesetzt und daher inkonsistent.

Führungsaufgabe: Das Einführen eines verbindlichen Prozesses und die Festlegung einer »Governance« (Lenkung, Hoheit) für Designumsetzung verbindet die Strategie mit der Umsetzung.

Herausforderung: Die Akzeptanz des Prozesses wird unterwandert und fordert ein beherztes Eingreifen von Führungskräften. Diese müssen dafür jedoch die nötigen Kompetenzen (Wissen und Befugnis) mitbringen!

Die Machtlosen

Das Unternehmen hat eine Designabteilung oder auch Designlieferanten, die hochgradig kompetent sind. Diese erkennen die Notwendigkeit einer professionellen Designarbeit, werden jedoch aufgrund von ineffektiven Prozessen ausgebremst. Da sie keine Autorität besitzen – meist fehlen eine alles umfassende Designstrategie und effektive Prozesse –, bleibt es in der Regel beim »Hübschmachen«.

Führungsaufgabe: Die Unternehmensleitung muss eine Designstrategie entwickeln und autorisieren sowie den zugehörigen Prozess aktivieren.

Herausforderung: die »Management Attention« und Akzeptanz der Leitung. Es ist für Führungskräfte, die sich ihrer Rolle bezüglich des Designs nicht bewusst sind, nicht einfach, hier die nötigen Kompetenzen zu erwerben. Zudem ist das bewusste Erwerben von Kompetenzen auf oberster Führungsebene (Leitung) eher schwierig, kann dies doch als Führungsschwäche gedeutet werden …

Die Träumer

Der Vorstand oder die Inhaber haben eine Designstrategie entwickelt, womöglich unter Mithilfe einer Beratung, allerdings fehlen die Prozesse, die Organisationsstruktur und die fähigen Designer, um diese Strategie umzusetzen. Vermutlich taucht der Vorstand oft in der Presse als Visionär auf, die Produkte und Dienste jedoch lassen jeden Sinn vermissen.

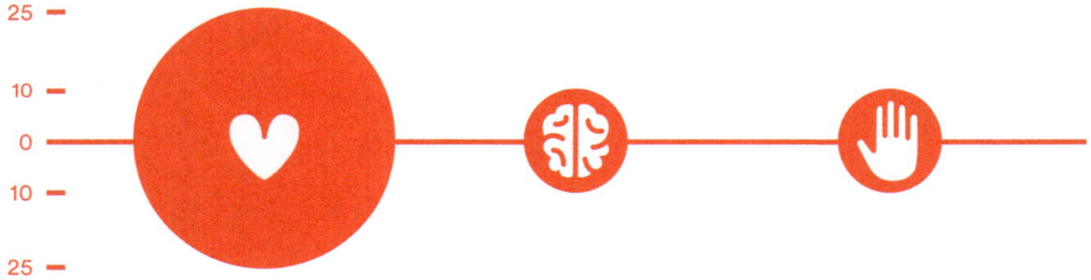

Führungsaufgabe: Die Unternehmensleitung muss Führung als »Kette« entwickeln, nicht als »Orakel«. Eine Schritt für Schritt gelenkte Entwicklung der Führungsebenen verbindet »die Idee« mit einer effektiven Umsetzung.

Herausforderung: Fokus. Träumer neigen dazu, Details aus den Augen zu verlieren, und lassen daher Abweichungen (ungewollt) zu. Das »Träumen« auf die Umsetzung zu lenken verlangt rigoroses Designmanagement.

Die Denker

Die Entwickler und Prozessverantwortlichen haben das Design Thinking für sich entdeckt und etablieren einen Prozess, der zu kundenzentrierten Konzepten führen kann. Das Unternehmen sprudelt vor Kreativität und Erfindergeist, jedoch fehlt es sowohl an der Führung, die eine Richtung vorgibt, als auch an kompetenten Designern, die diese Richtung ausgestalten.

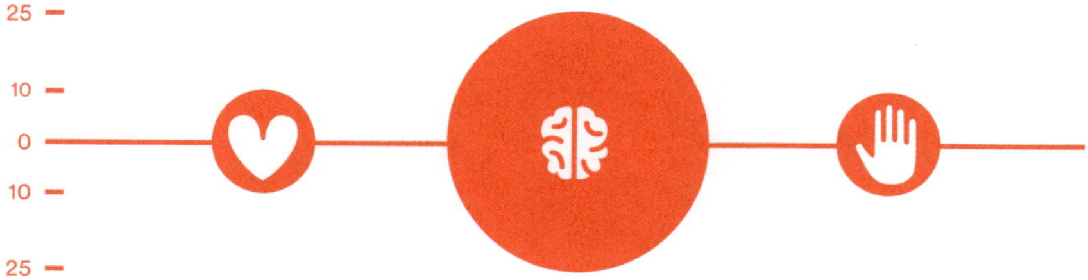

Führungsaufgabe: auch hier: die Führungskette herstellen. Eine Strategie und deren Verbindung mit einer adäquaten Umsetzung muss hergestellt werden.

Herausforderung: Die oberste Führung davon zu überzeugen, dass jede Geschäftsentwicklung eine Strategie benötigt, will sie nicht verpuffen – und dass die Umsetzung entsprechend vorhanden sein muss, will ein Geschäft überhaupt entstehen.

Die Leader

Das gesamte Unternehmen hat Design auf allen Stufen entwickelt. Die Strategie ist designgetrieben und die Unternehmensführung trägt dafür Sorge, dass die Prozesse diese Strategie auch zweckorientiert umsetzen. Zu guter Letzt wird das Kundenangebot von professionellen Designern auf der Basis von verbindlichen Richtlinien gestaltet.

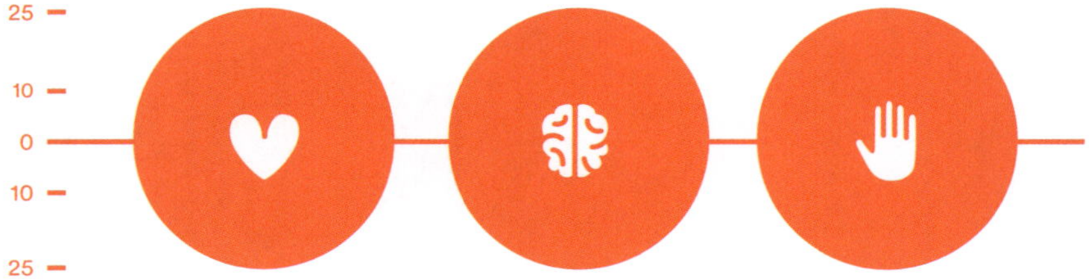

Führungsaufgabe: die Führungskette pflegen. Dafür Sorge tragen, dass das Feedback von Kundenseite sich in der Sinnbestimmung wiederfindet und sich dies in eine relevante Zweck-Bestimmung überträgt.

Herausforderung: Hochmut vermeiden. Immer davon ausgehen, dass die Kette reißen kann!

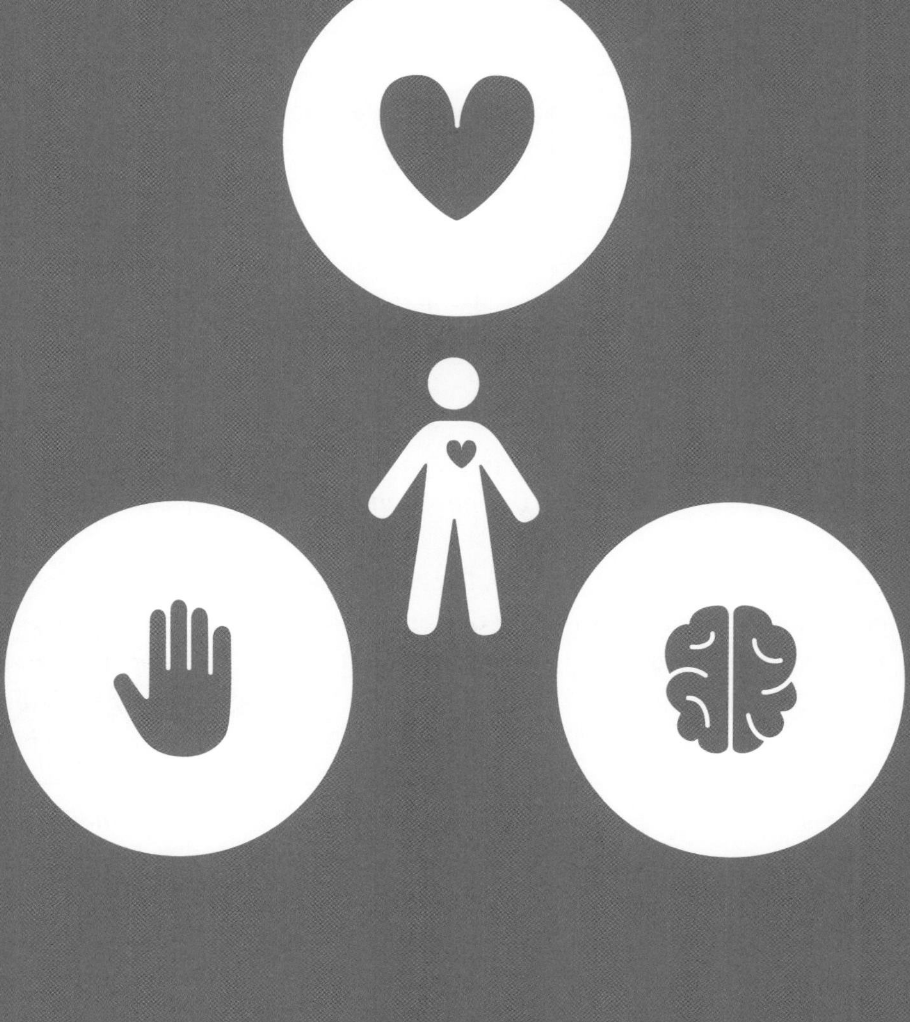

Leader verstehen, dass, egal was sie machen, sie Design auf allen Stufen entwickeln müssen!

Designmaturitäts-Indikatoren

Maturität

Design Being	*funktionale Befugnis* Die Designfunktion ist unternehmensweit etabliert und ist befugt, alle Designarbeiten durchzuführen	*Visionsartikulierung* Die Vision oder Zielsetzung des Unternehmens ist klar definiert und erlebbar ausgestaltet	*Governance, Budgethoheit* Die Designfunktion definiert ihr eigenes Budget und berichtet direkt an den Vorstand oder den Inhaber
Design Thinking	*unternehmensweite Geltung* Designer arbeiten aktiv mit anderen Spezialisten zusammen und sind in ihrer Rolle anerkannt	*unternehmensweite Designkoordination* Alle Designaktivitäten werden unternehmensweit koordiniert	*verbindlicher Designprozess* Der verbindliche Designprozess ist mit den anderen Prozessen des Unternehmens abgeglichen
Design Doing	*Professionalität* Alle spezifischen Designaktivitäten werden von professionellen Designern ausgeführt	*unternehmensweite Zusammenarbeit* Designer sind Teil der Projektteams im Unternehmen, auch wenn sie Lieferanten sind	*verbindliche Projektarbeit* Designer werden formell beauftragt und m entsprechenden Ressourcen ausgestattet

Umsetzung

verbindliche Designdirektiven Designdirektiven sind für alle im Unternehmen verbindlich. Design hat ein Vetorecht auf Produkteinführungen	*Strategiehoheit* Geschäftspläne entstehen auf der Basis einer Designstrategie, das Unternehmen ist designgetrieben
verbindliche Designprinzipien Designprinzipien werden im ganzen Unternehmen verbindlich angewandt – ohne Ausnahme	*unternehmensweite Designkompetenz* Designkompetenz wird im Unternehmen strukturell entwickelt, auch ausserhalb der Designfunktion
verbindliche Richtlinien Designer arbeiten auf der Basis von verbindlichen Richtlinien	*Strategieumsetzung* Designspezifikationen entstehen auf der Basis einer Strategie

Führung

Seniorität

1.19 Die Designrutsche

Das Trügerische an einem Stufenmodell ist die Vorstellung, die Stufen böten, hat man sie dann erklommen, einen sicheren Halt. Wenn man zum Beispiel einen Designprozess etabliert hat, bedeutet dies nicht zwangsläufig, dass man diese Stufe auch wirklich »gemeistert« hat ... Die verschiedenen Ebenen der Maturität sind ein Indikator, dass man sich nicht vorschnell sicher fühlen sollte: Man kann schnell »den Halt verlieren« und in der Designkompetenz abrutschen.

Dieses Phänomen zeigt sich in vielen Unternehmen – dort ist die »Design Ladder« in Wahrheit eine »Design Slide«, eine Rutsche. Und die erweist sich als arg rutschig. Denn es ist mitnichten so, dass sich die Maturitätsstufen des Designs von selbst absichern: Wenn man sich vom Design Doing ins Design Thinking bewegt – indem man die entsprechenden Prozesse einführt – und dabei diese Entwicklung nicht bewusst absichert, kann man rasch wieder auf die unterste Stufe abrutschen. Das Design ist hier einer erbarmungslosen Schwerkraft ausgesetzt: Jede Maturitätsentwicklung im Design, die nicht abgesichert wird, ist viel schneller »unten«, als es gedauert hat, sie nach »oben« zu bringen. Die Schwerkraft, die in Unternehmen wirkt und welche die Designmaturität »nach unten« zieht, entsteht aus der normativen Kraft der Effizienz. Da in den meisten Unternehmen das Design »hinzugefügt« wird und eben nicht ein intrinsischer Teil der Unternehmens-DNA und der Führungsaufgabe ist, glaubt man vor allem in Zeiten von Not und Entbehrung, dass man es auch wieder ablegen kann, um schlanker und effizienter zu werden: Unternehmen in Not werfen ihren »Ballast« über Bord, um Auftrieb zu erlangen. Gelobt sei, was effizient macht!

Wer jedoch Design als »Ballast« betrachtet und daher abwirft, der wirft womöglich seine »Gasflaschen« weg ... Oft sieht für einen gestressten Manager eben alles, was nicht festgezurrt ist, wie »Ballast« aus!

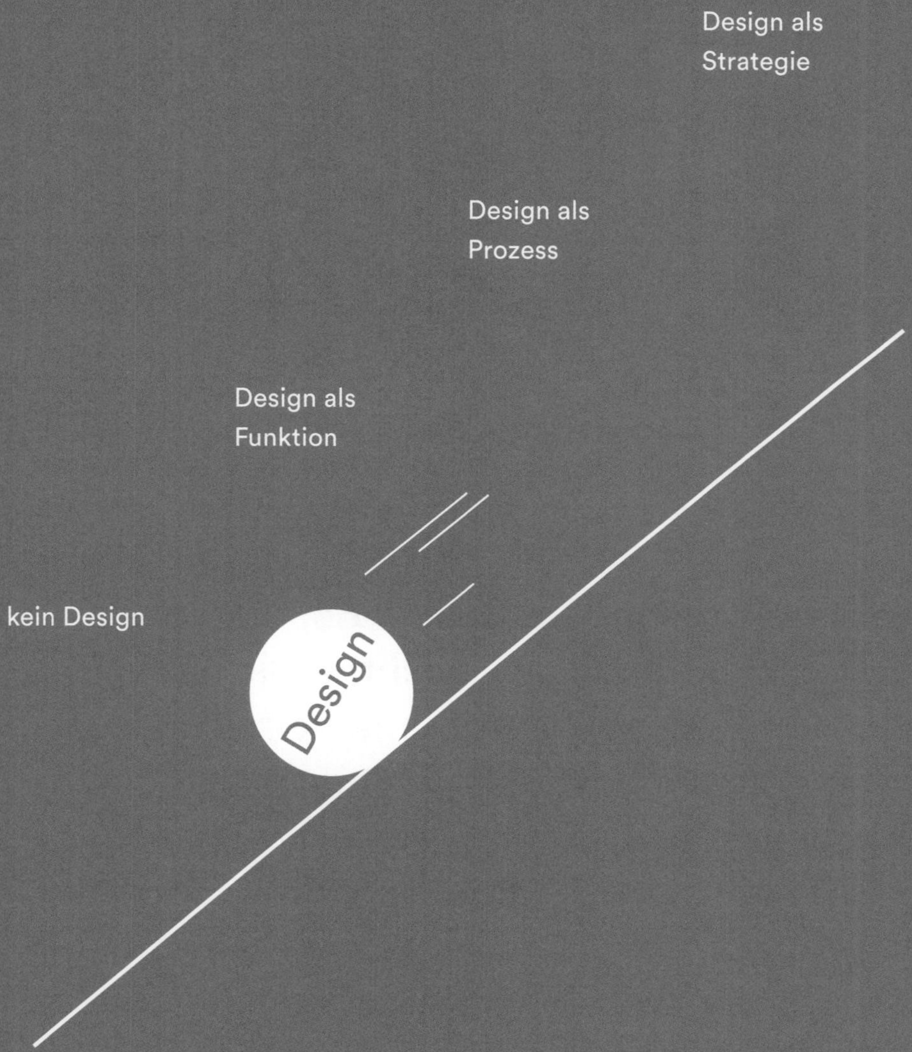
Design als
Strategie
Design als
Prozess
Design als
Funktion
kein Design
Design

Deswegen erweist sich die Entwicklung des Designs »von unten« als wahre Sisyphusarbeit und verlangt Beharrlichkeit, Ausdauer und Geduld. Auch wenn man Design »von oben« installiert, rutscht es schneller in die Belanglosigkeit des nachgelagerten »Hübschmachens« ab, als einem lieb ist. Und es braucht ebenso Beharrlichkeit und Kraft, um es oben zu halten.

Die Herausforderung bei der Entwicklung einer Designmaturität ist daher die Absicherung des erreichten Status quo; genauso wie ein Bergsteiger »Anker« einschlägt, damit er nicht abstürzen kann. Auf das Unternehmen übertragen bedeutet dies, das Design nicht als eine alleinige Aktivität von Spezialisten, sondern als eine Aktivität der Gemeinschaft im Unternehmen zu betrachten – es muss Teil der Führungsaufgabe sein. Denn wenn Design die alleinige Aktivität eines »Gurus« oder einer Abteilung ist, kann es sich nicht im Unternehmen »verankern«; dann verlässt es das Unternehmen, wenn auch die Designexperten weiterziehen. Ist das Design jedoch die Aktivität des Kollektivs, also einer gesamten Organisation, dann bleibt es auch dann noch »festgezurrt«, wenn im Zuge von Reorganisationen und Sparmaßnahmen vieles aus dem Fenster fliegt!

Daher ist es bei jedem Schritt der Kompetenzentwicklung extrem wichtig, die Konsequenzen für das Unternehmen eindeutig zu beschreiben und diese von Individuen zu entkoppeln. Design gehört nicht zwingend in den Vorstand des Unternehmens, sondern primär in dessen »Verstand«! Design darf nicht die Angelegenheit einer Person sein, sondern ist die einer ganzen Organisation und deren Führungsaufgaben.

Ist Design fest in der Unternehmens-DNA verankert, dann wird man sich gerade in Zeiten von Not dem Design bewusst widmen: Dann wird das Design – und eben nicht ein Streben nach Effizienz – dem Unternehmen, durch die Augen des Kunden betrachtet, genau sagen können, was wirklich über Bord geworfen werden kann oder was für ein nachhaltiges Überleben essenziell ist und daher gesichert werden muss.

Wer schlanker werden muss, weil die Zeiten hart und entbehrungsreich sind, der sollte nicht am Design sparen, sondern das Sparen designen!

Konkret kann man hierbei vorgehen, wie in der Geschichte von Sandy beschrieben: Man lässt alles, was man tut, vom Kunden auf die Prüfbank stellen! Das, was dem Kunden und dessen Erlebnis keinen Mehrwert beschert, kann im Prinzip weggelassen werden. Also braucht es auch den Porsche des Vorstands nicht, es sei denn, genau dieser ist ein elementarer Bestandteil des Kundenerlebnisses. Es soll sogar Unternehmen geben, wo das der Fall ist…

Als Maßstab für die Festlegung der unternehmensweiten Aufwände im Design könnte man den Anteil der designbezogenen Aussagen in der Unternehmenskommunikation (im Englischen auch »Share of Mouth« genannt) heranziehen: Kommuniziert ein Unternehmen zum Beispiel öffentlich über die Aspekte seiner Designstrategie – indem es Einfachheit propagiert oder seine differenzierenden Merkmale beschreibt –, dann sollten die Designaktivitäten im Unternehmen dies widerspiegeln. Ist der »Share of Mouth« des Designs etwa 30 Prozent, dann sollten auch 30 Prozent der Ressourcen im Unternehmen sich dem Design widmen. Für den Kunden bedeutet dies »ein gegebenes Versprechen einhalten«.

Wenn man das Design als Prozess und Werkzeug der Kundenzentrierung einsetzt, dann unterstützt es das Unternehmen in der fundamentalsten Aufgabe, die es leisten muss: für die Kunden da zu sein und ihnen relevante und herausragende Erlebnisse zu liefern. Wer glaubt, daran sparen zu können, der sägt den Ast ab, auf dem er sitzt.

Vermehrt gehen viele Unternehmen deswegen dazu über, die Leitung der Designaktivität, wie im Kapitel 1.13 beschrieben, mit der Leitung des Marken- und Kundenmanagements zu verschmelzen, indem sie einen sogenannten Chief Experience Officer (CXO) ernennen. Der CXO kann in seiner Rolle gewährleisten, dass der Kunde in allen Belangen stets im Zentrum der Unternehmungen steht. Wenn der CEO (der festlegt, WARUM man etwas unternimmt) den Entwicklungsvorstand (der sich um

»Nicht am
Design sparen,
sondern
das Sparen
designen!«

das kümmert, WAS das Unternehmen herstellt), den Marketingvorstand (der sich um jene kümmert, denen man etwas anbieten möchte) und den CXO (der sich darum kümmert, WIE sich das Kundenerlebnis gestaltet) im Vorstand des Unternehmens vereint, dann hat er die besten Voraussetzungen geschaffen, ein effektives und kundenzentriertes Unternehmen zu führen. In der Funktion des CXO verankert der Vorstand die essenziellen Elemente der Designführung und sichert so die Kompetenz gegen das Abrutschen ab.

Aber auch ohne einen »Chief« im Vorstand kann man Design als Mittel der Kundenzentrierung verankern: Man muss alle Mitarbeitenden so »disponieren«, dass sie ihr Unternehmen zum Besseren gestalten wollen. Dann werden sie sofort eingreifen und im Sinne des Unternehmens und der Kunden handeln, wenn etwas oder jemand aus der Reihe tanzt!

»Verankern Sie das Design!«

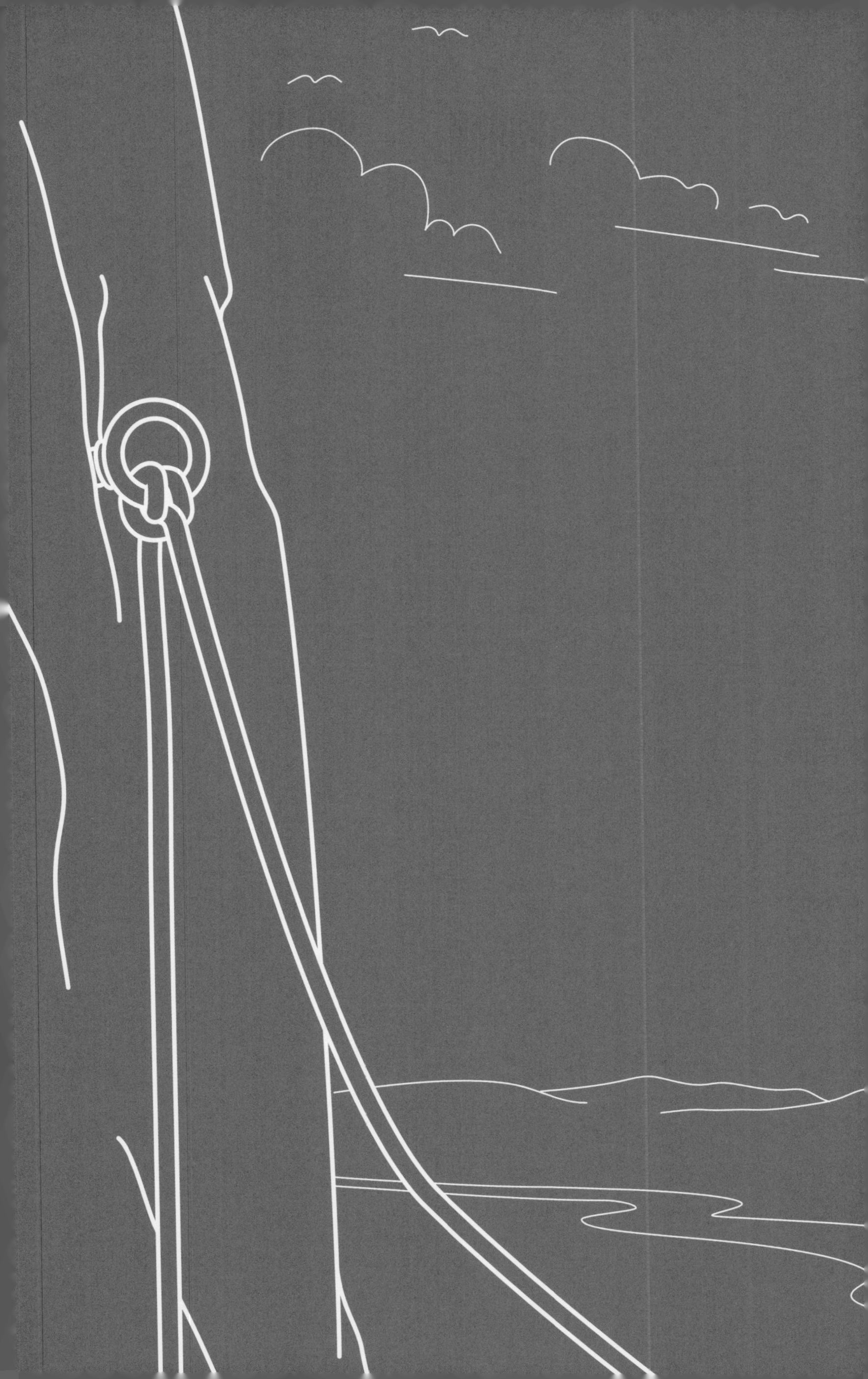

2. Wofür designen?

Die Entwicklung einer Designstrategie, mit der das Unternehmen herausragende und differenzierende Kundenerlebnisse erzeugen kann.

2.1 Wofür ist ein Unternehmen da?

»Auf jeden Topf passt ein Deckel.« Es gibt viele Möglichkeiten, ein differenzierendes Kundenerlebnis zu erzeugen, auch wenn der Kern des Angebotes dem der anderen Anbieter gleicht. Die vielen unterschiedlichen Möglichkeiten, um zum Beispiel in einem Restaurant eine Mahlzeit anzubieten, zeigen, dass es bei der Gestaltung von Erlebnissen endlose Optionen gibt. Man kann sich nach der Art der Küche, der Qualität, der Menge, dem Ambiente, dem Preis und dem Service richten: Je nachdem, wie der »Unternehmer« diese Komponenten zusammenstellt, kommt ein anderes Erlebnis zustande. Und wie wir wissen, kann jedes relevant sein und auf Dauer funktionieren, wenn denn die Stimmigkeit und Gleichförmigkeit an allen Berührungspunkten gegeben ist und wenn es auf einen Kunden trifft, der dies genauso haben möchte. Letztendlich ist neben dem, warum ein Unternehmer im Geschäft ist, vor allem essenziell, worauf sich sein Angebot richtet: auf das Kundenbedürfnis, das er erfüllen möchte.

Kundenbedürfnisse werden über (Erlebnis-)Leistungen erfüllt, die erst nach und nach Relevanz für den Kunden erzeugen und sich so zu einem Gesamtbild fügen. Hat zum Beispiel ein Kunde das Bedürfnis nach Nahrungsaufnahme, wird er, abhängig vom Kontext, indem er sich befindet – oder befinden möchte –, jenes Leistungsversprechen wählen, das ihm dies in passender Weise erfüllt. Hat er akuten Hunger, dann ist womöglich die nahe gelegene Pommesbude richtig; möchte er sich kulinarisch inspirieren lassen und dabei seine Freunde beglücken, dann wird es ein ausgesuchtes Spezialitätenlokal sein.

Die primäre Leistung eines Unternehmens wird in Abhängigkeit vom Kontext und dem Zusatzbedürfnis für Kunden relevant. Unternehmen verstehen das und bieten entsprechend für (vergleichbare) Leistungen unterschiedliche Leistungsversprechen an, um der Bedürfniswelt der Kunden zu begegnen. Diese Logik sticht in jeder Branche.

Daher steckt in einem Leistungsversprechen weit mehr als nur die Ansammlung von Handlungen und Angeboten: Es artikuliert auch die Werte des gesamten Unternehmens. Es legt fest, ob man eine Pommesbude führt oder eben ein Haubenlokal, und dementsprechend bestimmt es das Verhalten aller Involvierten und die Ausgestaltung aller Berührungspunkte. Es bildet die Grundlage für eine Designstrategie.

Bei den nun folgenden vier Leistungsversprechen – anhand von Erlebnisberichten geschildert – ist es entsprechend klar, worauf sich alle Mitarbeitenden und Involvierten konzentrieren müssen, damit ein stimmiges Ganzes entsteht: Die Strategie ist selbsterklärend.

RESTAURANT

2.1.1 La Bottega dell' Arte

»Das kleine Lokal ist nicht einfach zu erreichen. Über einen schmalen Sandweg, der sich scheinbar in der Bergwelt verliert, braucht man von der Hauptstraße aus gute 15 Minuten. Das Hinweisschild kann man leicht übersehen! Einmal dort, wird man vom Chef persönlich begrüßt, Tische gibt es eh nur fünf. Dafür sind die schon drei Jahre im Voraus ausgebucht. Kein Wunder, verspricht das Lokal doch zu den drei Besten der Welt zu gehören!

Ein Menü sucht man vergebens, gekocht wird, was der Chef im Sinn hat: Diesmal war es Fisch im Hauptgang. Aber nur keine Angst: Bei neun Gängen gibt es allerhand Köstliches zu genießen, da ist eine Menükarte nur lästig.

Das Knistern des Kaminfeuers passt einmalig zum urigen Ambiente des Restaurants, das sich in einem umgebauten uralten Stall befindet. Die Teller und Bestecke sind alles Einzelstücke, aber in tadellosem Zustand – wirklich einzigartig!

Der Genuss war unbeschreiblich, so etwas muss man selber mal erlebt haben!

Fragen Sie mich nicht nach dem Preis, es war ein Geschenk für mich und meinen Mann zum zwanzigsten …«

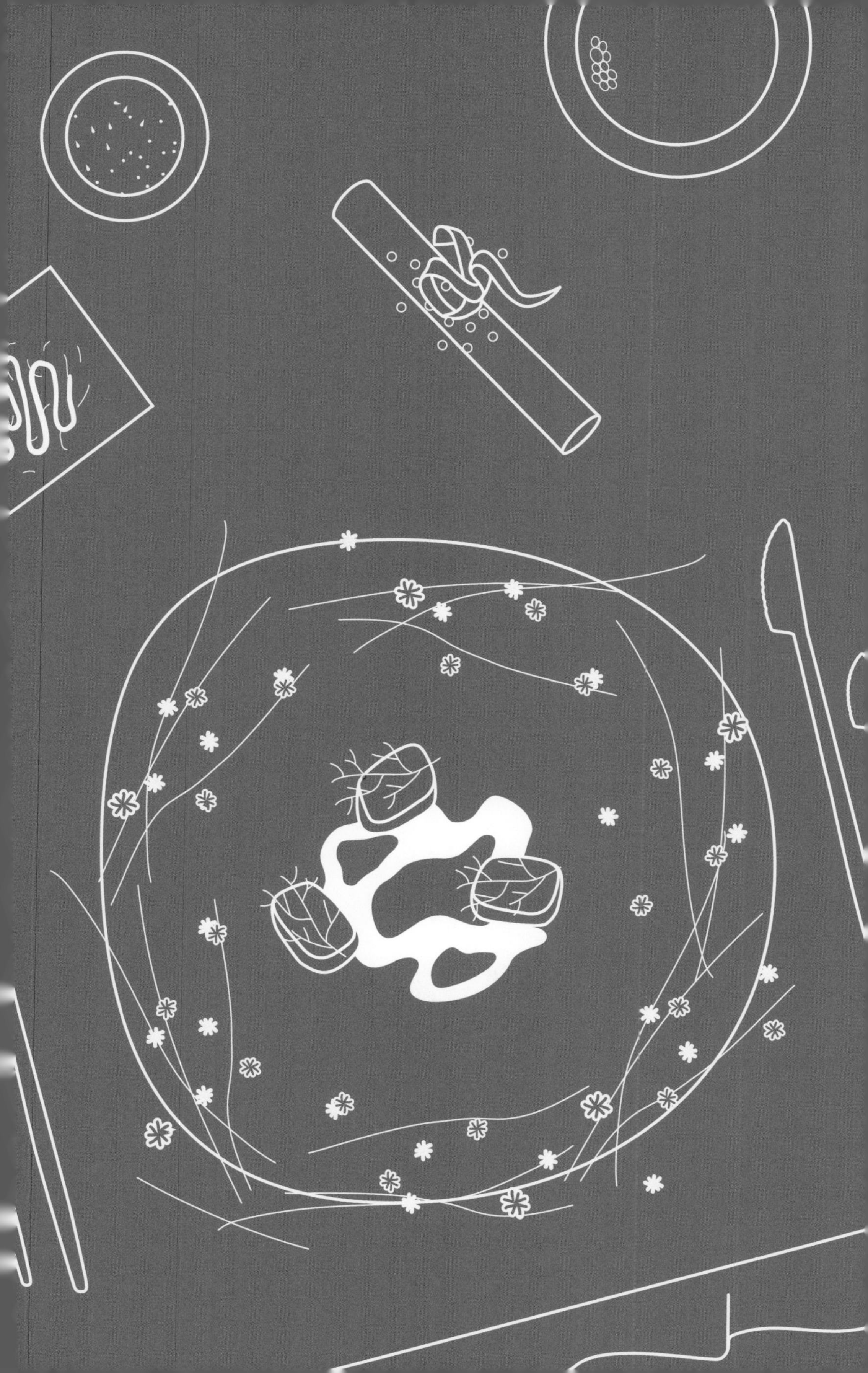

2.1.2 Chez Jacques

»Jedes Mal, wenn ich in der Stadt bin – und das ist sicherlich zweimal im Jahr –, dann besuche ich das Chez Jacques. Es hat das beste Coq au vin weit und breit. Inzwischen erkennt mich der Ober, Monsieur Jacques, der allerdings jeden Gast mit der gleichen souveränen Gelassenheit begrüßt und das Gefühl vermittelt, er hätte in jeder Lebenslage alles im Griff.

Die Karte ist übersichtlich und hat sich über die letzten zehn Jahre nicht großartig geändert: Die drei Hauptmenüs sind allesamt zu empfehlen, aber, wie gesagt, ich nehme immer das Coq au vin. Hin und wieder lasse ich mich aber von Jacques zu etwas Besonderem überreden.

Das Lokal strahlt die gleiche Gelassenheit und Souveränität aus, es ist, als ob Jacques es nie verlassen würde. Obwohl das Licht vielleicht etwas zu sparsam verteilt ist, so taucht es das Lokal in eine Wohlfühlatmosphäre, in der man stundenlang verweilen kann. Das lohnt sich auch, denn die Nachspeisenkarte ist lang und der Genuss noch länger.

Zum Glück komme ich nur gelegentlich ins Chez Jacques, denn unter 100 Euro komme ich nicht weg: aber das ist okay so.«

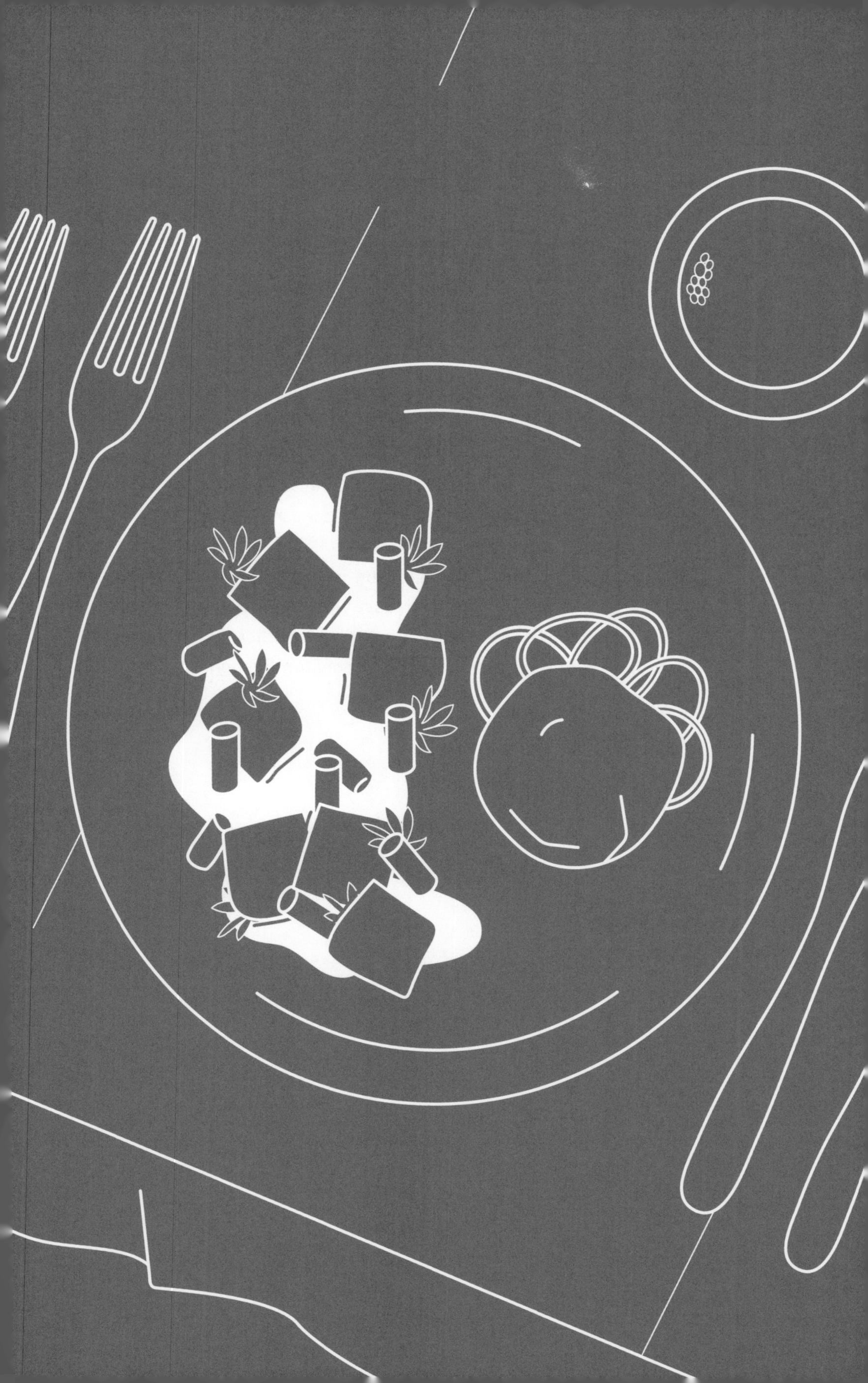

2.1.3 El Rancho

»Alle zwei Wochen, da überkommt es mich, da brauche ich ein Stück Fleisch. Dank meiner Frau verzichte ich weitestgehend darauf, aber ganz ohne mag ich nicht. Zum Glück haben wir seit ein paar Jahren das El Rancho in der Nähe – ein Segen für die Fleischgenießer! Leider gibt es davon viele, denn einen Platz muss man schon reservieren und, wenn man Pech hat, halt eben warten, bis ein Tisch wieder frei ist, was meist nicht zu lange dauert.

Großartig ist die Sache, dass man Steaks nach Gewicht bestellen kann, so ist für jeden Hunger was dabei. Die Karte ist entsprechend übersichtlich und wie ein Bestellkatalog aufgebaut. Alles läuft sowieso wie am Schnürchen und die Angestellten sind voll bei der Sache. Äußerst effizient bedienen sie und leben dieses Amerikanische ›How are you!!!?‹-Feeling, das sie alle perfekt beherrschen. Genial ist auch die Sache mit den Krawatten: Die Decken hängen voll damit, denn jedem männlichen, krawattentragenden Gast wird unter lautem Getöse feierlich der Schlips abgeschnitten. Ich habe sicherlich noch zehn alte zu Hause und freue mich schon auf den nächsten Besuch.«

2.1.4 Snack Palast

»Leider ist unsere Kantine nicht die beste; oft gibt es nichts mehr, was mir schmeckt, und wer zu spät kommt, der guckt in leere Töpfe. Zum Glück gibt's nicht weit weg den Snack Palast, der erstaunlich gute Sachen hat. Wohl auch wegen des Andrangs erneuern sie regelmäßig ihr Friteusenfett, denn die Fritten dort sind der Hammer. Lecker, knackig und aus echten Kartoffeln, nicht so wie das Kunststoffzeug bei ›Sie wissen schon‹. Gut ist auch die klare Anzeige mit den Gerichten, denn ich mag nicht herumfragen, wenn ich an der Kasse stehe. Außerdem haben sie runde Preise, sodass man nicht dauernd diese Fünf-Cent-Stücke zurückbekommt.

Ich stelle mich immer an die Standtische mit den bequemen Hockern und genieße die zehn Minuten: Hier fühlt man sich trotzdem wohl und nicht so unter Beobachtung, auch wenn man mal mit den Fingern isst.«

»Marketing ist Design!«

2.2 Stimmt das Erlebnis?

Obwohl sich alle vier »Restaurants« im gleichen Business befinden, bedienen sie mit einem klar differenzierten Leistungsversprechen verschiedene Kundenbedürfnisse. So müsste sich der Koch vom Chez Jacques extrem anpassen, wenn er auch im Snack Palast ein stimmiges Erlebnis unterstützen möchte: Denn ein »Coq au vin« passt dort nicht auf die Karte. Fängt man zum Beispiel als Koch beim Snack Palast an, dann muss man Burger »flippen«! Alles muss letztendlich einen Sinn ergeben, damit Kunden das Erlebte als relevant und stimmig erachten. Die Hauptaufgabe des Unternehmens ist, die Ausrichtung aller Mitarbeitenden auf ein zentrales Leistungsversprechen mittels einer klaren Strategie zu erwirken, sodass die Beteiligten ihren individuellen Beitrag immer in Einklang mit dem Leistungsversprechen erbringen.

Damit Unternehmen und Mitarbeitende sich darüber im Klaren sind, wofür das Unternehmen da ist und was das Leistungsversprechen ausmacht, sind ein verständliches Marketing (was das Unternehmen verspricht) und ein klares Design-Briefing (wie dieses Versprechen in konkrete Gestaltung überführt wird) zwingend erforderlich. Daher müssen das Marketing und das Design unbedingt die gleiche Strategie verfolgen! Stärker noch, Marketing ist Design!

Probieren Sie es ruhig mal an sich selbst aus: Kann man Ihr Unternehmen eindeutig zuordnen? Oder möchte man es allen recht machen und probiert die »Eierlegende Wollmilchsau« – und verkauft entsprechend »an jeden Kunden«?

2.3 »Gutes« Marketing

Für die Marketingexperten ist die Entwicklung eines differenzierenden Leistungsversprechens der Weg, um unterschiedlichen Kundenbedürfnissen entsprechen zu können. Dabei segmentiert das klassische Marketing die Kunden bevorzugt anhand von demografischen Eigenschaften, wie Alter, Einkommen, Status und Bildungshintergrund, und erzeugt entsprechend »passende« Angebote. Kunden werden genauso behandelt, wie auch Unternehmen durchweg aufgestellt sind – nämlich in Silos. In einem solchem Silodenken gehen nur Junge und Einkommensschwache in den Snack-Palast, nur dickliche Pensionäre ins El Rancho und nur intellektuelle, gut betuchte besuchen die Bottega dell' Arte.

Oberflächlich betrachtet könnte man das mutmaßen, aber in Wirklichkeit sind Kundenerlebnisse immer persönlich und nur zweitrangig demografisch bedingt. Betrachtet man die Kunden jedoch als Persönlichkeiten mit ihrem Bedürfnis, dann sieht man quer durch die Segmente und Demografien hindurch »seine« Kunden, für die man relevant sein kann. Dann findet man im Snack Palast auch jene, die man dort aus »klassischer« Sicht nicht vermutet.

Viele Kunden besuchen irgendwann jede der vier beschriebenen Restaurantkategorien und zählen aus jeder Kategorie eines zu ihren Lieblingsrestaurants: eben jenes, das sie für sich als relevant erachten!

Das Marketing muss die Sicht auf das, was zählt, verändern, wenn es Relevantes für Kunden konzipieren möchte: Ein ausgeprägtes Design Thinking, das den Kunden als Menschen ins Zentrum stellt – und eben nicht sein normiertes, von Äußerlichkeiten abgeleitetes Konsumverhalten –, gehört ins Zentrum des Marketings von Produkten und Dienstleistungen!

2.4 Fit: das unsichtbare Design

Der Management-Guru Henry Mintzberg machte Anfang der Neunzigerjahre einen Vorschlag, die Rolle des Designs umfassend zu beschreiben. Das Design bahnte sich damals einen Weg in die Managementwelt, und zwar nicht nur als nachgelagertes »Hübschmachen«, sondern auch als essenzielle Kernkompetenz für Unternehmen: Damit man sich im zusehends überfüllten Markt behaupten kann, muss man auch die Zielsetzungen des Unternehmens selbst gestalten.

Mintzberg definierte in seinem Artikel den Begriff des Designs anhand von drei Dimensionen: Funktion, Form und »Fit« (womit im Englischen nicht die Fitness, sondern die Passung oder auch Ausrichtung gemeint ist). Es wird hier sofort klar, was Funktion und Form bedeuten und welche Rolle die Designer darin haben: Für den ersten Teil sind es die Entwickler (im Englischen auch Designer genannt), welche die Funktionalität definieren, und im zweiten Teil die Gestalter (die Formgeber), welche die formale Ausgestaltung definieren.

Die große Erkenntnis des Artikels steckt jedoch in der Dimension des »Fit«. Fit beschreibt die Ausrichtung aller Designaspekte auf den Sinn und Zweck, den sie erfüllen müssen. Das »Fit« beschreibt die Relevanz oder den Nutzen für den Konsumenten oder die Nutzbarkeit für den Anwender. Design hat, so Mintzberg, somit auch die Aufgabe, den Sinn und Zweck einer Unternehmung zu definieren, zu »designen«.

Das »Fit« zu definieren, sieht Mintzberg als die zentrale Kernaufgabe einer Organisation und er schreibt diese Aufgabe den Managern zu. In dieser Funktion sind Manager auch Designer, jedoch in der Gestalt, dass sie ihre Gestaltung »silent«, also unsichtbar ausüben. Mit dieser Definition des »Managing as Designing«[10], das inzwischen von vielen anderen Theoretikern beschrieben wurde, erweitert sich das Kompetenzgerüst des Managements um das des Designs. Die »silent« Designer treffen Entscheidungen, die das Design betreffen, und haben somit genauso einen Einfluss auf die Gestaltung im Unternehmen wie die Designer, die ihre Arbeit und ihre Entscheidungen »sichtbar« werden lassen.

»Design ist eine Unternehmens-Kompetenz!«

Vereinfacht heißt das, dass die Manager designen und ihre Gestaltungsarbeit in Form von Entscheidungen und Maßnahmen verrichten. Betrachtet man die Designarbeit im Unternehmen aus dieser Sicht, wird sofort klar, dass es eine umfassende Koordination und Steuerung braucht, damit die drei Dimensionen des Designs in einheitliche Kundenerlebnisse münden.

Design ist also eine Aufgabe der Organisation, deren Ausübung von Managern, Entwicklern und Designern gleichermaßen vollzogen wird! Design ist folglich eine Organisationskompetenz, ihre Anwendung Teil der Führungskompetenz!

Aufmerksame Leser sollten hier stutzen und zu Recht darauf hinweisen, dass die beschriebene Aufgabe, das »Fit« zu definieren, doch seit jeher die Aufgabe des Marketings ist …! Laut den Spezialisten der Branche sind die Marketingmanager jedoch nicht mehr das, was sie ursprünglich mal waren. Sie seien inzwischen verweichlicht und haben ihre Power verloren – so das Fachorgan »Werben und Verkaufen« im Jahre 2013 –, weil sie zu oft den Posten wechseln (im Schnitt alle zwei Jahre) und zudem ihre ursprüngliche Kernkompetenz, nämlich das Konzipieren von Produktangeboten, gar nicht mehr ausüben; sie kümmern sich nur noch um die Marktanalyse und Werbung.

Wen wundert es dann, dass die Kunden es genauso machen wie die Marketer: Auch sie kümmern sich nur noch um die Analyse des Marktes (suchen nach dem billigsten Angebot!) und die Kommunikation (Negativwerbung in Foren oder Weiterempfehlung an Freunde). Kein Wunder, dass die Kunden auch alle zwei Jahre die Marke wechseln und nicht teilhaben an der Konzeption einer nachhaltigen Kundenbeziehung!

Wenn man halbherzig unausgegorene, nichtrelevante Produkte in den Markt hinein »kommuniziert«, ist es nicht weiter erstaunlich, dass der Markt ebenso reagiert und das Produkt wieder zurück »kommuniziert« – gut 70 Prozent aller Produkteinführungen erweisen sich als »Flops«, sie haben keinen »Fit«. Laut Marketingspezialisten wie Heribert Meffert beschäftigt sich das Marketing aktuell mit den falschen Aufgaben: Denn wenn es nur darauf angesetzt wird, »abzusetzen« und ziellosen Umsatz zu generieren, kann es nicht jene Empathie entwickeln, die man braucht, um den Kunden und dessen Bedürfnisse wirklich zu verstehen und somit den »Fit« zu gestalten. Nur wenn man zielgerichtet für Kunden relevante Lösungen konzipiert, erhält man die nötigen »Abwehrkräfte«, um im Markt »gesund zu bleiben«: Daher muss auch das Marketing wieder designen!

Design ist nicht nur die Aufgabe von Kreativen, sondern eine Kernkompetenz, die quer im Unternehmen vorhanden sein muss: in der Gestaltung natürlich, aber auch in der Entwicklung und vor allem im Marketing! Ist diese Kompetenz vorhanden, dann kann man, wie die Wiener Symphoniker, eine Partitur aufführen, die Kunden begeistert. Gutes Design im guten Unternehmen ist wie ein gutes Orchester: Ohne Partitur und ohne Führung erleben die Kunden keinen »Fit«!

Aspekte guten Marketings

→ Leistungsversprechen sind im Einklang mit der Unternehmenskultur konzipiert.

→ Kundensegmentierung erfolgt nicht nur demografisch, sondern auf der Basis von menschlichen Bedürfnissen.

→ Kundenbedürfnisse werden anhand von Erlebnisbedürfnissen definiert.

→ Die Marketingstrategie ist Teil der Designstrategie.

2.5 Gute Kundenerlebnisse

Wirklich gute Kundenerlebnisse sind in sich stimmig: Sie entstehen auf der Basis von in sich schlüssigen und stimmigen Entscheidungen und Maßnahmen – sprich Strategien. Damit alle Beteiligten – nicht nur die Gestalter und Entwickler – diesen Entscheidungen folgen und die richtigen, stimmigen Handlungen vollziehen, brauchen sie eine Designführung, die klärt, warum und wie man ein Kundenerlebnis erzeugt, umsetzt und liefert. Die Designstrategie lässt das Unternehmen seine Entwicklungen und Handlungen immer im Sinne des Kunden tätigen.

Die Designstrategie ist eine komplementäre Notwendigkeit für die meisten Tools der Angebots- oder Geschäftsentwicklung – wie die des Business Model Canvas[11] –, indem sie eine gezielte, markenkonforme Ausgestaltung und eine stimmige Umsetzung gewährleistet. Man kann so neue Geschäftsideen methodisch in die stimmige und konsequente Umsetzung überführen und daraus ein veritables und markenspezifisches – und damit auch differenzierendes – Business gestalten. Ist die Geschäftsidee (das WAS, wie in der Grafik auf Seite 147 aufgeführt) jedoch am Markt vorbei entwickelt und findet sie daher keine Interessenten, dann kann auch die Designstrategie nicht viel helfen und aus einem »Ackergaul kein Rennpferd« machen. In diesem Fall weist die Organisation vermutlich jene Lücke auf, in der das Design Thinking nicht ausreichend entwickelt ist und die laufenden Prozesse eine designgetriebene Entscheidung nicht zulassen. In einem solchen Umfeld entstehen Ideen für Produkte und Dienstleistungen auf der Basis von technischen Erkenntnissen und das Design ist dort, wie schon beschrieben, nur Kosmetik.

Gute Kundenerlebnisse entstehen nur in guten Unternehmen, in jenen, die ihre Geschäftsidee anhand einer Designstrategie ausführen!

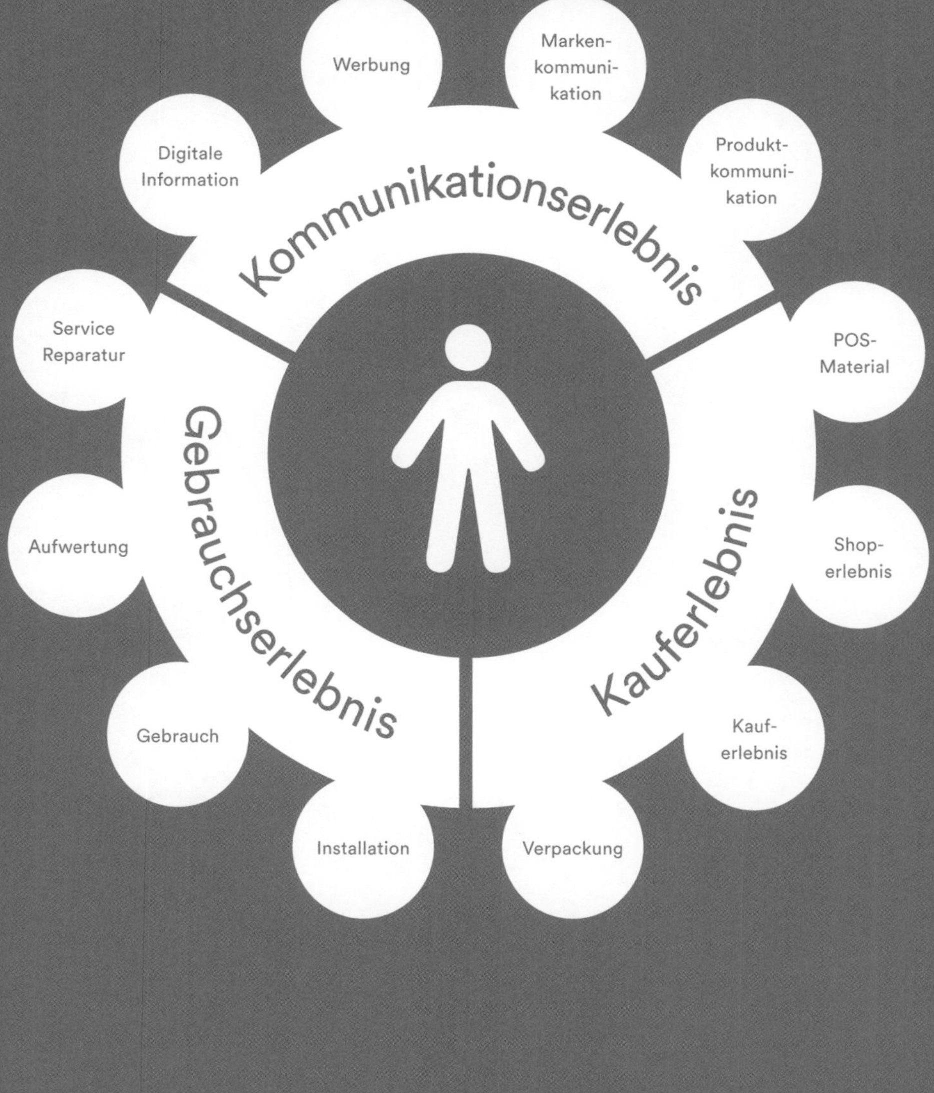

Gute Kundenerlebnisse umfassen alle Berührungspunkte zum Kunden in einer gleichförmigen und konsistenten Weise.

Wer macht Wie etWas für Wen?

2.6 Elemente einer Designstrategie

Die Erfahrungen mit Sandy (in Kapitel 1.8) und die Schwierigkeiten, ein wirklich konsistentes und stimmiges Erlebnis zu erzeugen, führten unweigerlich dazu, dass ich mich in der Arbeit als Designmanager, aber auch als Dozent im Design vermehrt mit dem Thema der Designstrategie beschäftigte. Die in diesem Handbuch vorgeschlagene Methode zur Erstellung einer Designstrategie – der Design Canvas – ist empirisch aus vielen Ansätzen und Anwendungen entstanden, um letztlich genau eine solche Strategie für das Arbeitsumfeld im Design zu erstellen.

Die Kernelemente einer Designstrategie sind jene Eigenschaften, welche die Ziele eines Unternehmens oder die Zielsetzung eines ihrer Angebote beschreiben. Diese Eigenschaften (und vor allem ihre Definition!) sind für die ganze Organisation gültig und bedingen deswegen grundsätzliche Entscheidungen (was letztendlich Führung bedeutet!). Sie (er)klären den Sinn einer Unternehmung und können somit alle Beteiligten in ihren Handlungen inhaltlich »führen«. Bei wichtigen Entscheidungen ermöglicht dies dem Unternehmen, immer im Sinne des Kunden zu entscheiden und somit die Weichen für die kundenzentrierte Entwicklung von Angeboten zu stellen.

Die Aspekte, die im Design Canvas verarbeitet sind, sind bewusst einfach gehalten: Jedes Unternehmen wird – wie auch jedes Angebot, welches das Unternehmen erstellt – anhand von nur wenigen Kernaspekten definiert. Natürlich kann man auch komplexere Fragestellungen aufwerfen, die in ihrer Beantwortung eine Heerschar an Beratern erfordert, oder man belässt es eben bei sehr wenigen, die dann aber »des Pudels Kern« behandeln.

Der Design Canvas beschreibt die Kernaspekte mit den folgenden vier Fragen:

1. *Wer* bin ich? – Die Persönlichkeit und die Grundwerte des Unternehmens, beziehungsweise der Marke (also auch, *warum* man Sinn stiften möchte)
2. *Wie* handele und setze ich etwas um? – Die Gestaltungsprinzipien des Unternehmens, beziehungsweise der Marke
3. *Wem* mache ich ein Versprechen? – Den Kunden, die man haben möchte
4. *Was* biete ich an? – Das Kundenerlebnis, das die Kunden haben möchten

Diese vier Aspekte beschreiben also im Kern alles, was ein Unternehmen ausmacht, warum es Sinn stiftet (oder macht), welchen Zweck es erfüllt und für wen es da ist – eben für die Kunden, die Mitarbeitenden und Investoren. Sie decken dabei die Außenwelt ab, indem sie die Kunden und für sie erzeugte Angebote beschreiben, als auch die Innenwelt, indem sie Handlungsweisen und Werte des Unternehmens festlegen.

Daher stehen diese vier Aspekte immer miteinander in Bezug, man kann sie nicht losgelöst voneinander betrachten. Die Persönlichkeit eines Unternehmens beeinflusst zwangsläufig die Art und Weise, *wie* man gestaltet, aber auch *was* angeboten wird und *wen* man für das Angebotene gewinnen möchte.

Wenn die Abstimmung dieser vier Kernaspekte einen in sich schlüssigen Sinn ergibt, wird auch das erzeugte Kundenerlebnis »Sinn« machen.

Stimmt ein Unternehmen diese Kernaspekte aufeinander ab – indem es die Designstrategie bewusst anwendet – und setzt es diese entsprechend konsequent und stimmig um, dann gewinnt es ein klares Profil und kann sich so im Markt differenzieren und behaupten. Es kreiert ein authentisches und stimmiges Erlebnis, eines, das von Herzen kommt und relevante Kundenwünsche erfüllt. Es erzeugt so eine Beziehung zwischen sich und seinen Kunden, die auf der Basis von geteilten Werten und Wünschen entsteht: Eine solche Beziehung ist die Grundlage für Erfolg und Wohlstand auf Dauer.

Die vier Kernaspekte eines Unternehmens.
Manche kombinieren das Wer und Wem zu Warum!

Das WER beschreibt die Motivation des Unternehmens und das Fundament der Marke mit ihrem Charakter, ihren Werten, Vorhaben und Visionen sowie das daraus resultierende Markenversprechen. In der Motivation steckt das WARUM – warum man etwas unternimmt und so Sinn stiftet!

Das WIE beschreibt die Art und Weise, wie das Unternehmen oder die Marke seine Vorhaben in konkrete Maßnahmen überführt und das Kundenerlebnis gleichförmig, im Sinne seiner Identität, ausgestaltet. Über das WIE differenziert sich ein Unternehmen vom Mitbewerber.

Das WEM beschreibt die Kunden, die das Unternehmen oder die Marke ansprechen möchte und mit denen es eine Beziehung eingehen möchte – egal ob es Konsumenten, Nutzer oder Teilhaber sind. Nur loyale und motivierte Kunden sichern das Wirtschaften nachhaltig!

Das WAS beschreibt die Angebote, die das Unternehmen oder die Marke den Kunden oder der Gesellschaft als Ganzes macht, und somit die Erlebnisse, die es erzeugt. Das Angebot transportiert den Zweck des Unternehmens zum Kunden und das Erlebnis stiftet Sinn für den Kunden.

wem
Kunde
Segmentierung,
Märkte, Kanäle
was
Erlebnis
Produkte,
Touch Points,
Interaktionen
wer
Marke
Werte und
Markenversprechen
wie
Gestaltung
Design Prinzipien,
Style Guides

2.7 Der Design Canvas

Die Methode des Design Canvas hinterfragt den Bezug jedes dieser vier Kernaspekte zueinander und beschreibt so die Beziehung der Aspekte untereinander. Abhängig davon, wie die Beantwortung dieser Bezüge ausfällt, entsteht eine Sinnstiftung (oder einfach nur Sinn), mit der man die Umsetzung von Designaktivitäten führen kann: Es entsteht eine übergeordnete »Orchestrierung«. Der Canvas kann so die Rolle eines »Dirigenten« übernehmen und die verschiedenen Designtätigkeiten zum gemeinsamen und orchestrierten Umsetzen führen. Er ermöglicht eine holistische Beschreibung des Sinns und Zwecks eines Unternehmens. Somit kann er als Leitfaden genutzt werden und erlaubt, auch bestehende Markenangebote auf ihre Konsistenz und Stimmigkeit hin zu überprüfen und Ansatzpunkte für Verbesserungen zu identifizieren.

Der Design Canvas liefert die theoretische Vorlage für eine universelle Geschäftsstrategie, jedoch erfolgt die Umsetzung immer mit der vorhandenen Kompetenz und der Motivation der involvierten Gestalter und Mitarbeitenden: Daher trägt das Erzeugte immer die Handschrift des Absenders. Wer also glaubt, dass man mit einem Canvas aus Stroh pures Gold zaubern kann, wird vom Effekt dieser Methode wohl enttäuscht.

Erst in der Hand von fähigen und willigen Spezialisten und einer Organisation, die eine Designstrategie auch umsetzen kann und will, wird der Canvas seinen Zweck erfüllen. Er wird zur Klärung sinnvoller Entscheidungen beitragen und wird darin unterstützen, den Zweck nicht zu kurz kommen zu lassen, und wird darüber hinaus aufzeigen, ob das geplante und konzipierte Angebot auch wirklich stimmig auszuführen ist.

Kurzum, er wird ein gutes Team stärken, aber einem schwachen Team seine Begrenztheit aufzeigen.

Auch für die Wiener Symphoniker ist es erfolgversprechend, wenn sie eine innovative Partitur vorliegen haben, die von einem Starkomponisten verfasst wurde. Aber erst die gemeinsame Aufführung mit der Hilfe eines Dirigenten zeigt, ob die Kompetenz des Orchesters ausreicht, um die Zuhörer zu begeistern!

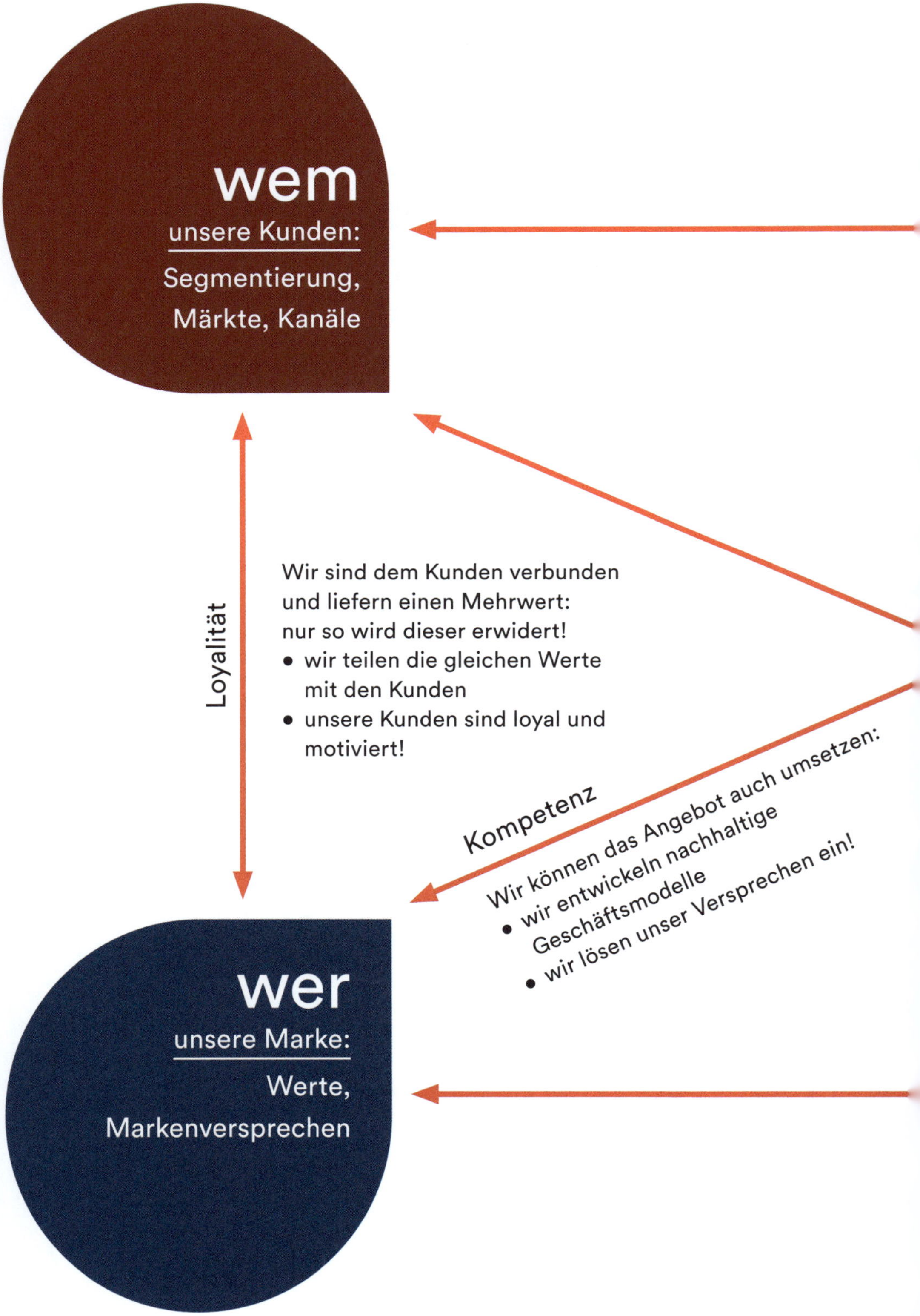
wem
unsere Kunden:
Segmentierung,
Märkte, Kanäle
Loyalität
Wir sind dem Kunden verbunden
und liefern einen Mehrwert:
nur so wird dieser erwidert!
• wir teilen die gleichen Werte
mit den Kunden
• unsere Kunden sind loyal und
motiviert!
Kompetenz
Wir können das Angebot auch umsetzen:
• wir entwickeln nachhaltige
Geschäftsmodelle
• wir lösen unser Versprechen ein!
wer
unsere Marke:
Werte,
Markenversprechen

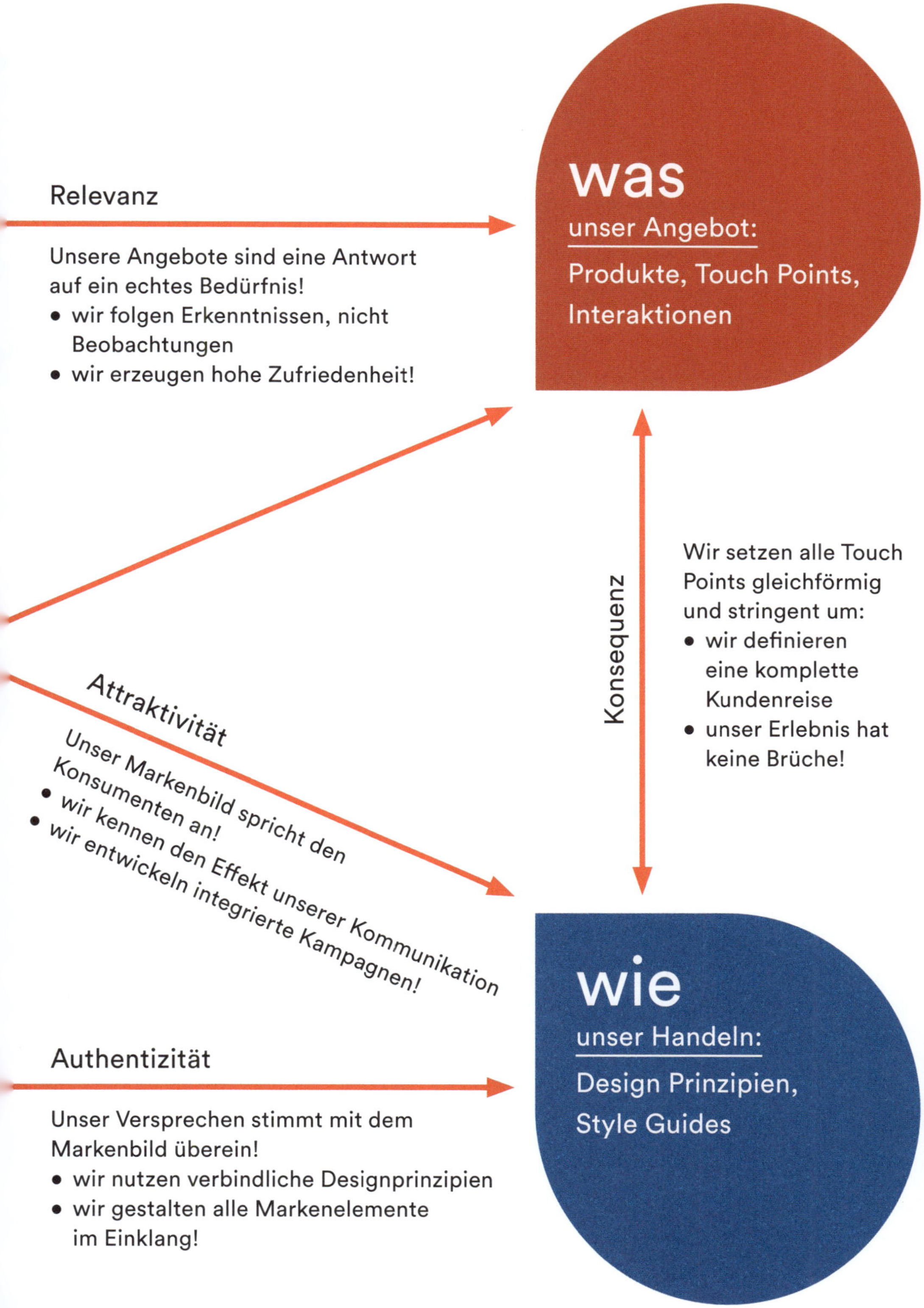
was
unser Angebot:
Produkte, Touch Points, Interaktionen
Relevanz
Unsere Angebote sind eine Antwort auf ein echtes Bedürfnis!
• wir folgen Erkenntnissen, nicht Beobachtungen
• wir erzeugen hohe Zufriedenheit!
Konsequenz
Wir setzen alle Touch Points gleichförmig und stringent um:
• wir definieren eine komplette Kundenreise
• unser Erlebnis hat keine Brüche!
Attraktivität
Unser Markenbild spricht den Konsumenten an!
• wir kennen den Effekt unserer Kommunikation
• wir entwickeln integrierte Kampagnen!
wie
unser Handeln:
Design Prinzipien, Style Guides
Authentizität
Unser Versprechen stimmt mit dem Markenbild überein!
• wir nutzen verbindliche Designprinzipien
• wir gestalten alle Markenelemente im Einklang!

Aspekte des Design Canvas

→ Der Canvas beschreibt den Sinn und Zweck einer Unternehmung und legt so die Designstrategie als Teil der Geschäftsstrategie fest.

→ Der Canvas ermöglicht eine ganzheitliche Sicht auf die Felder der Angebotsentwicklung und kann als Tool für die Orchestrierung (Briefing) aller Gestaltungsarbeiten fungieren.

→ Der Canvas unterstützt die Verständigung während der Konzeption und Entwicklung eines Kundenangebotes. Indem er die vier Aspekte (Wer, Wie, Wem, Was) zwingend zueinander in Verbindung setzt, verhindert er, dass räumlich und zeitlich voneinander getrennte Entwicklungen ohne einen eindeutigen Bezug auf die Persönlichkeit des Unternehmens ablaufen.

→ Gleichzeitig liefert der Canvas die Struktur für eine »Design Toolbox«, die für die Entwicklung der einzelnen Aspekte auf die jeweils relevanten Methoden hinweist. In seiner Anwendung zeigt er Optionen für eine verbesserte Harmonisierung auf, ermöglicht aber auch, neue, relevante Erkenntnisse zu gewinnen, die das ganzheitliche (Marken-)Erlebnis stärken.
(Die »Toolbox« wird im dritten Teil noch näher erläutert.)

2.8 Designstrategien entwickeln und pflegen

Der Grundgedanke hinter dem Design Canvas ist, dass nachhaltiges Wirtschaften nur auf der Basis einer intensiven »Beziehung« zwischen Anbieter und Abnehmer stattfinden kann. Möchte man eine langfristige Geschäftsbeziehung entwickeln, muss man vor allem am eigenen Unternehmen arbeiten, um für Kunden »beziehungsfähig« zu sein. Den Kunden zu bearbeiten, zum Beispiel indem man ihn mit Knebelverträgen an sich bindet, führt zu einer Abhängigkeit, in der jede Seite die andere nur duldet – so lange, bis sich eine Gelegenheit ergibt, die Beziehung zu beenden. Den »Anbieter« zu wechseln gehört heute zur Normalität, zeigt aber vor allem die »Beziehungslosigkeit«, die überall herrscht.

Jedem Unternehmen stellt sich auch die Frage nach der Orientierung dieser Beziehungsarbeit, je nach Antrieb oder Motivation, mit der man sein Unternehmen betreibt. Sich diese Fragen zu stellen und klar zu beantworten bietet die Ausgangslage für eine tiefe Beziehung mit Kunden.

Ob sich dabei die These, dass längerfristige und intensive Beziehungen immer auf der Basis von gegenseitig geteilten Werten und Wünschen entstehen, behaupten kann, lässt sich gut mithilfe des Phänomens »Lieblingsrestaurant« belegen: Loyale Kunden sind dann motiviert, wiederholt zu konsumieren und weiterzuempfehlen, wenn sie »ihr« Erlebnis haben. Darüber hinaus machen einige Methoden, wie zum Beispiel die des Net Promoter Score, den Versuch, den positiven Einfluss einer tiefen Beziehung und der daraus resultierenden Weiterempfehlung auf den wirtschaftlichen Erfolg zu belegen. Je ausgeprägter der Zuspruch von Kunden zum Unternehmen, desto erfolgreicher wird das Unternehmen sich behaupten. Dieser Zusammenhang hat sich inzwischen in vielen Studien, wie etwa denen zum Net Promoter Score, bestätigt.

Aber jeder kann auch bei sich selbst überprüfen, was eine gute, nachhaltige Beziehung ausmacht, und dabei feststellen: Wenn eine der involvierten Parteien sich verstellt, um der anderen zu gefallen, dann hält die Beziehung nicht lange. Man muss vor allem authentisch sein, um eine Beziehung auf Dauer zu pflegen.

Viele Unternehmen richten sich daher bei der Gestaltung ihres Unternehmens bewusst nach ihren eigenen Präferenzen, nach dem, was ihren Neigungen und Fähigkeiten am meisten entspricht. So können sie

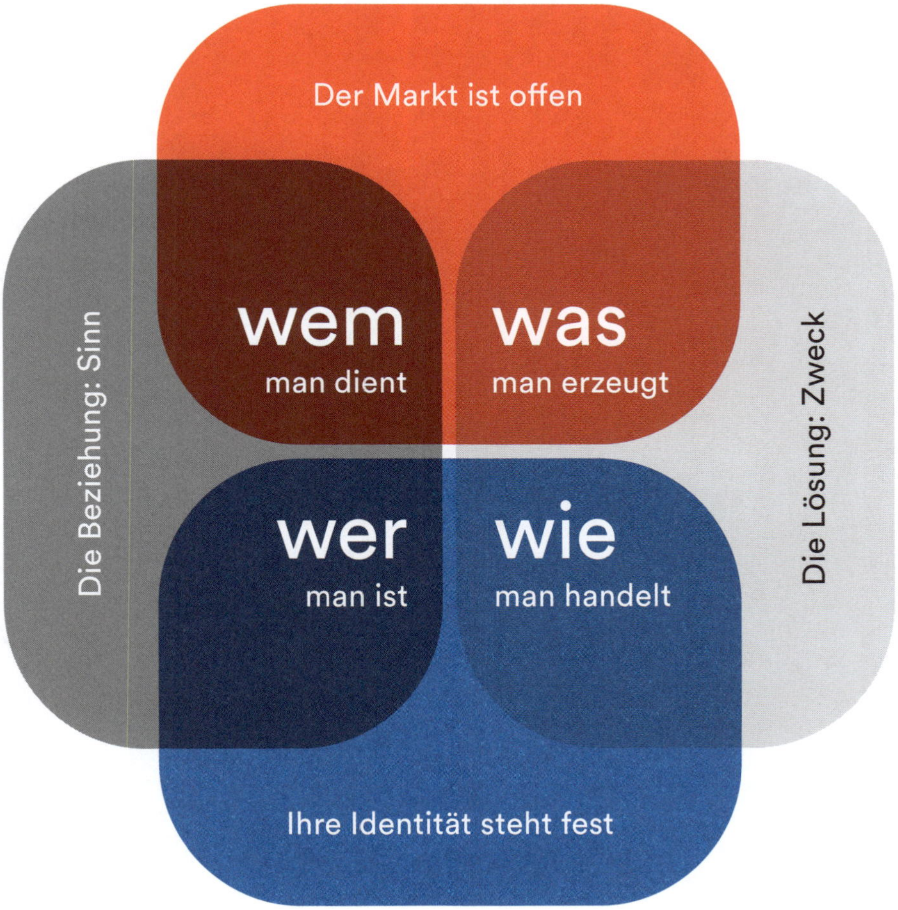
Der Markt ist offen
wem
man dient
was
man erzeugt
wer
man ist
wie
man handelt
Die Beziehung: Sinn
Die Lösung: Zweck
Ihre Identität steht fest

»Man muss vor allem man selbst sein können, um eine nachhaltige Beziehung zu pflegen.«

gewährleisten, dass sie ihren Teil der Beziehung langfristig »leben« können. Denn unabhängig von einer generellen Ausrichtung auf ein Leistungsversprechen – ob qualitativ hochstehend, spezialisiert oder extrem effizient – sollte ein Unternehmen sich vor allem nach eigenen Präferenzen und Stärken ausrichten: Hat das Unternehmen seine Stärke zum Beispiel in der Technologieentwicklung, dann sollte das gesamte Unternehmen dies nach außen reflektieren.

Viele Unternehmen bekennen sich bewusst und klar zu ihrer Stärke (und somit auch zu ihren Schwächen!) und sind daher nur was für Fans, Freaks oder Nerds – sie bekennen sich klar zu ihrer Identität und bieten (nur so!) eine Grundlage für eine Beziehung mit Kunden.

Je deutlicher dieses Bekenntnis ausfällt, desto deutlicher wird sich ein Kunde damit identifizieren können – oder eben nicht!

Das klare Bekenntnis zu einem Leistungsversprechen, wie eingangs im Vergleich der Restaurants beschrieben, lässt sich in einer Marketingstrategie festlegen und auch im Rahmen des Design Canvas erarbeiten. Der Design Canvas bietet hierfür fünf Orientierungsrichtungen: den Kundenfokus, den Marktfokus, den Markenfokus und den Produktfokus. Diese Orientierungsrichtungen sind alle am Markt vertreten und haben jeweils ihre Stärken, aber auch ihre Tücken. Zu guter Letzt gibt es noch einen »ganzheitlichen« Ansatz, einen, der auf die Ausgewogenheit zwischen den vier Orientierungsrichtungen setzt.

Jede Form der Orientierung ist letztlich eine Designstrategie, die es dem Unternehmen erlaubt, seine Designarbeit inhaltlich zu führen, Sinn zu stiften und den Zweck seines Geschäfts klar zu definieren. Ob man damit genug Anklang findet, entscheiden schließlich die Kunden!

2.8.1 Marktfokussierung – die Opportunisten

Eine Fokussierung auf den Markt, in dem man sich bewegt oder bewegen möchte, bedeutet, dass man sich vor allem auf Kunden, deren Bedürfnisse und die sich bereits im Markt befindlichen Angebote ausrichtet. Dies ist eine sogenannte »Outside-in«-Orientierung, die in der Angebotsentwicklung bei den Marktbedingungen und Kundenwünschen beginnt, um dann erst anschließend – quasi als Reaktion darauf – die Positionierung der eigenen Marke vorzunehmen und die passende Design- und Umsetzungsstrategie zu erarbeiten.

Der Markt beschreibt die Beziehung zwischen (potenziellen) Kunden und den Angeboten, welche die Kunden dort vorfinden, wobei die Nachfrage (das Kundenbedürfnis) in der Regel das Angebotene steuert. Diese Beziehung besteht auch unabhängig vom jeweiligen Unternehmen, sodass es sogar Märkte gibt, ohne dass Unternehmen dort tätig sind (Schwarzmärkte zum Beispiel).

Wer sich nur auf den Markt fokussiert, läuft Gefahr, den Gesetzen anderer Anbieter folgen zu müssen – oder denen der Kunden – und eben nicht den eigenen. Denn manchmal sind Marktanforderungen so prägnant, dass eine Teilnahme in diesem Markt nur möglich ist, wenn man deren Gesetzmäßigkeiten erfüllt. Diese dominieren dann sogar die Marken und deren Gestaltungsfreiheiten: Versuchen Sie mal, eine Vollmilch in knallroter Verpackung zu verkaufen!

Gut überleben können nur jene Unternehmen, die sich sehr agil und opportunistisch aufstellen und entsprechend die Aspekte des WER und WIE rasch und variabel umsetzen. Strikte eigene Designprinzipien sind dann in der Regel nur hinderlich.

Diese opportunistische Ausrichtung findet man oft bei Handelsmarken und den »Fast Moving Goods«[12] Unternehmen vor, die mit einer Vielmarkenstrategie auf die Marktdynamik mit deren spezifischen Regeln reagieren können. Typisch hierfür sind Unternehmen wie Nestlé, P&G etc.

Designaktivitäten sind innerhalb einer solchen Orientierung in der Regel nachgelagert, beschäftigen sich primär mit Kommunikation und werden vielfach von spezialisierten Agenturen durchgeführt. Auf der anderen Seite sind jedoch umfangreiche Kenntnisse von Nutzer- und

Kundenbedürfnissen gefragt, sodass Designthemen wie User Experience, User Need Analysis und Persona-Entwicklung umfassend, meist sogar firmenintern, angegangen werden und in diesen Unternehmen auf höchstem Niveau stattfinden.

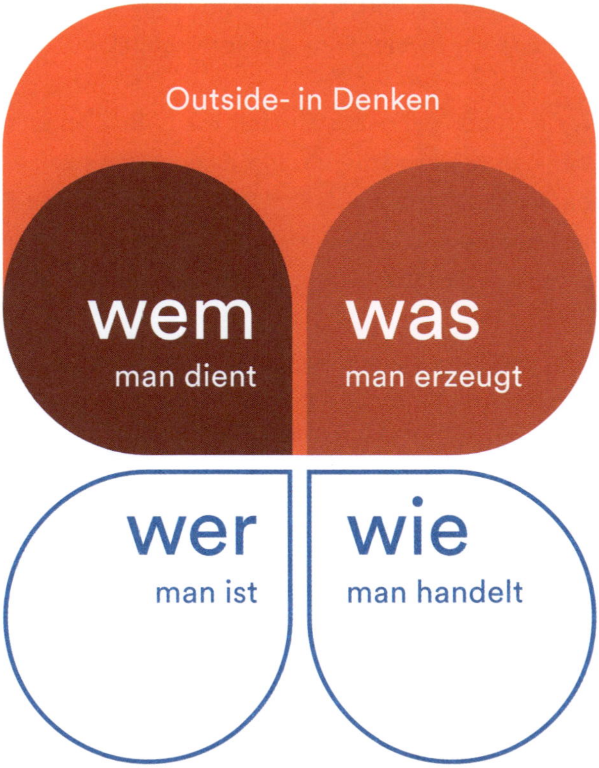

2.8.2 Kundenfokussierung – die Fans

Wer sich nach seinen Kunden richtet, überlebt so manchen Zusammenbruch im Markt – aber nur wenn diese Kunden trotz allem zu einem halten. Wenn eine innige Beziehung zwischen einem Unternehmen und dessen (angestammten) Kunden von gegenseitiger Wertschätzung gekennzeichnet ist, spricht man vom »Fan-Prinzip«[13]. Die Kunden finden sich in den vom Unternehmen versprochenen Werten selbst wieder und entwickeln eine ausdauernde, manchmal sogar beharrende Loyalität. Und so lange das Unternehmen bei der Stange bleibt, kann diese Loyalität eine Basis für wirtschaftliche Kontinuität bedeuten. Diese Art der Beziehung zwischen Marke und dem (Ziel-)Kunden besteht auch ohne einen Markt: Es kann sogar dazu führen, dass ein Unternehmen zwar loyale Fans aufweist, aber keinen relevanten Umsatz tätigt, weil das marktfähige Angebot fehlt. Zum Beispiel musste die Firma Saab, trotz vieler, nach wie vor loyaler Fans die Tore schließen.

Wer sich nur auf seine Kunden fokussiert, kann schnell den Überblick über den Markt verlieren und riskiert, dass seine Angebote hinter denen der Konkurrenz abfallen. Manchmal sind Fan-Beziehungen so stark, dass mangelnde Funktionalität oder auch eine inkonsistente Designsprache nicht ins Gewicht fallen: Die Kunden kaufen trotzdem – noch!

Gut überleben können so nur jene Unternehmen, die intensiv in die Beziehung investieren und dafür sorgen, dass die Identifizierung der Kundengruppe (der Fans) mit der Marke bewusst gelebt wird. Sie achten darauf, dass das, WAS sie erzeugen und WIE sie dies umsetzen, immer die Grundwerte der Beziehung erfüllt und nicht zwingend die eines Marktes oder einer Designphilosophie. So lassen sich sogar beliebige Angebote konzipieren und vertreiben, Hauptsache, der Fan hat »Fan-Ware«.

Typisch für eine innige Fan-Gemeinde sind Unternehmen wie Harley-Davidson, Virgin oder Caterpillar (die Schuhe!) usw.

Die Designaktivitäten in solchen Fan-Unternehmen replizieren in der Regel Markenbilder und Logos, die eine Verbundenheit illustrieren, und applizieren diese, wo immer es möglich ist. Die Hauptarbeit der Gestaltung fließt allerdings in das Pflegen der Beziehung – zum Beispiel über ausgeklügelte Kunden-Events – und in das entsprechende Merchandising[14].

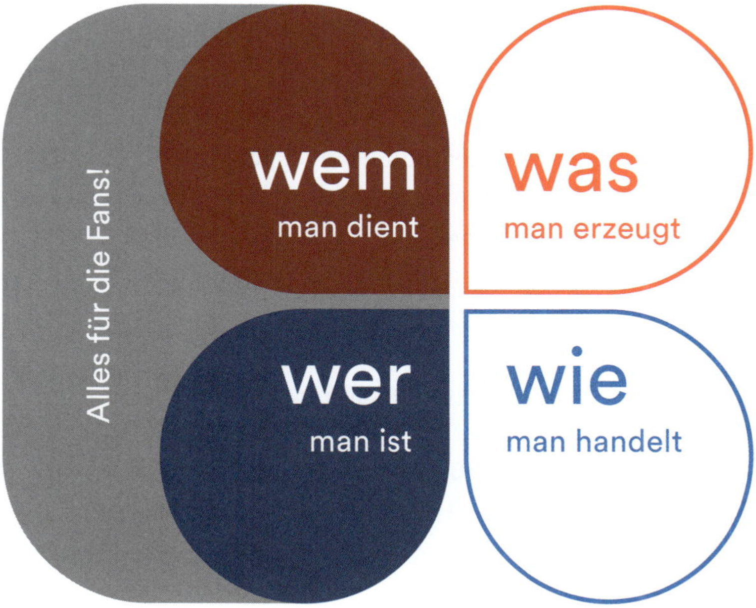
Alles für die Fans!
wem
man dient
was
man erzeugt
wer
man ist
wie
man handelt

2.8.3 Markenfokussierung – die Brands

Unter den verschiedenen Orientierungsformen kann man jene mit einer Fokussierung auf die eigene Marke als »inside-out denkend« beschreiben. Auffallend dabei ist insbesondere die Beziehung des Unternehmens zu sich selbst und sie ist dementsprechend dadurch gekennzeichnet, dass vor allem die Mitarbeitenden Fans der eigenen Marke sind.

Unternehmen mit einer ausgeprägten Markenfokussierung gebärden sich oft wie elitäre Clubs (oder sogar Sekten), wo die Aufnahme und Teilnahme mit der Durchführung bestimmter Riten und Verhaltensmuster einhergeht. An der Spitze solcher Unternehmen stehen meist starke Persönlichkeiten, die dafür sorgen, dass alles konform mit den Werten und Auflagen der Marke geschieht. Die Kunden spielen dabei keine aktive Rolle, es sei denn, dass sie überzeugte Abnehmer des Markenproduktes sind. Diese Produkte sind dann auch eher Statements einer Persönlichkeit und weniger funktionale Lösungen, die spezifische Kundenbedürfnisse befriedigen. Manchmal reicht sogar nur das Logo am Produkt, um es marktfähig zu machen. So manche Marke hat sich in einen Markt hinein »gestaltet«, indem sie sich mit einer spezifischen Designsprache von den Konkurrenten abgrenzen konnte.

Wenn ein Unternehmen sich allerdings nur auf sich selbst bezieht, dann läuft es Gefahr, egozentrisch zu werden: Es kann den Anschluss zum Markt und zu den Kunden und deren Bedürfnissen verlieren. Sein Bestehen ist nur so lange gesichert, wie Kunden den Nimbus der Marke konsumieren. Wenn jedoch die Marke Schaden nimmt, zum Beispiel durch einen Fauxpas eines Markenrepräsentanten oder durch das wiederholte Brechen des Markenversprechens, dann können sich Kunden abwenden und zum nächstbesseren Produkt greifen. Auch ein unreflektierter Fokus auf die eigene Designsprache (auch Betriebsblindheit genannt) hat schon dazu geführt, dass sich Unternehmen aus dem Markt »designt« haben. Nicht jede Designsprache eignet sich zum Klassiker. Der Automarke Ford geschah dies einmal in den 90er-Jahren und sie erholte sich nur mühsam vom Designschock[15]. Überwiegend findet man markenfokussierte Unternehmen in der Bekleidungs-, Sport- oder Automobilbranche.

Für Designer ist die Fokussierung auf die Marke ein wahres Eldorado: Hier lassen sich umfassende Designsprachen entwickeln, die, wenn gut reflektiert, es sehr wohl zum Klassiker schaffen können. Dann schaut das ganze Unternehmen auf die Arbeit der Designer und Markenmanager und möchte nichts lieber tun, als die eigenen Produkte selbst zu tragen oder zu »fahren« – Hauptsache, das Logo ist gut sichtbar!

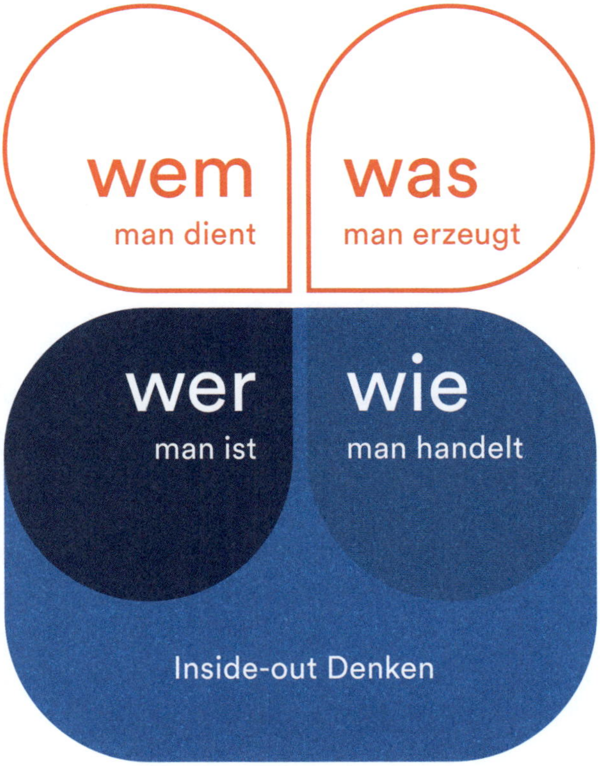

ROLEX NIKE

2.8.4 Produktfokussierung – die Nerds

Diese Orientierung richtet sich auf die Beziehung zwischen einem Kundenerlebnis und dessen Umsetzung, ist also recht zweckorientiert. Unternehmen mit dieser Orientierung erlangen oft eine Technologieführerschaft oder erreichen zumindest mit ihren Lösungen einen Nerd-Status. Da »Nerds« genau wissen, was technisch möglich ist, scheuen sie nicht davor zurück, völlig neue Lösungen anzubieten – auch wenn der Markt dafür noch nicht reif ist oder ein konkretes Kundenbedürfnis sich noch gar nicht artikuliert hat.

Die dank ihrer Produktfokussierung erfolgreichen Unternehmen erlangen ihre Produktführerschaft auch noch dann, wenn Legionen von »Unsern« sich nur mühsam mit den Lösungen anfreunden können – denn wer sich als eErster am Markt etabliert, kann Standards setzen und den Konkurrenten um Jahre voraus sein.

Wenn sich jedoch Unternehmen ausschließlich auf das Entwickeln fokussieren, riskieren sie, am Kunden (und der Marke) vorbei Irrelevantes zu erzeugen. Denn schaffen sie es nicht, neben den Nutzern (daher auch oft »User« genannt) auch den Kunden anzusprechen, werden sie keinen nachhaltigen Marktwert erzeugen können: Dann sind sie mit ihren technischen Produkten nur so lange relevant, bis ein anderer Anbieter mit einer besseren Lösung ihnen den Rang abläuft.

Noch gelingt es einigen produktfokussierten Unternehmen technologisch vorne zu bleiben: Die Kunden haben keine Wahl und werden zu (gezwungenen) Nutzern – aber mit dem Unternehmen werden sie nicht wirklich warm. Fragen sie mal bei SAP-Anwendern nach …

In einer solchen Ausrichtung folgt das Design in der Regel dem Diktat des Produktes und gestaltet vor allem funktional. Da es keine wirkliche Motivation gibt, die Gestaltung anhand von Markenattributen zu tätigen oder eine gleichförmige Gestaltsprache aus einer Markenphilosophie heraus zu etablieren, kann man sich bei jeder Lösung nach Gusto ausleben, soweit die Technologie es eben zulässt.

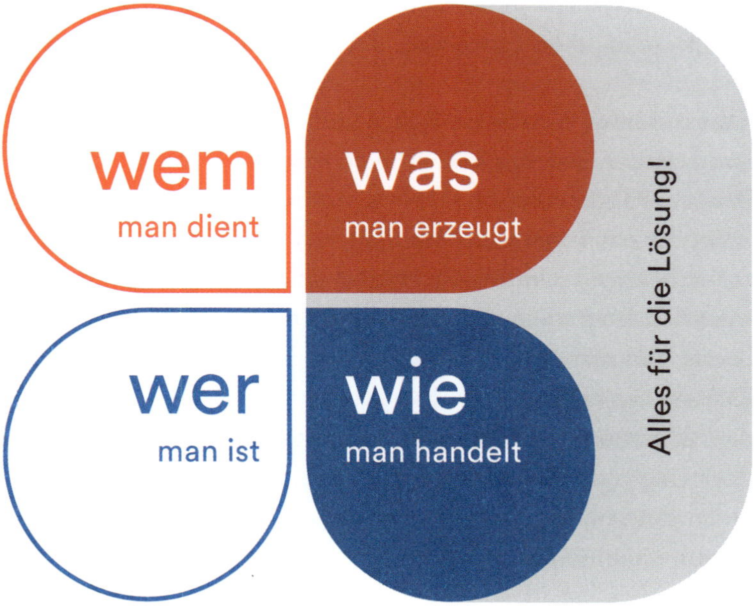
wem
man dient
was
man erzeugt
wer
man ist
wie
man handelt
Alles für die Lösung!
Microsoft
Google

2.8.5 Die ganzheitliche Ausrichtung – »Stable Brands«

Eine einseitige Orientierung ist immer dann interessant, wenn man eine ausgeprägte Stärke hat und diese für sich nutzen möchte. Dann macht es eben Sinn, sich als »Sprinter« zu offenbaren und auf den »Marathon« zu verzichten. In Konsequenz heißt das, dass man sich entsprechend aufstellen und »trainieren« muss. Für einen Usain Bolt ist klar, dass er bei seinem Leisten bleibt, genauso für Nike, Google oder Virgin: Sie alle haben Stärken in einer Ausrichtung und leben gut davon, solange sie diese Stärken pflegen und stimmig in Handlungen umsetzen. Vernachlässigen sie jedoch ihre Stärke, laufen sie Gefahr, in die Belanglosigkeit zurück zu fallen und zu jemandem zu werden, der nichts wirklich gut kann.

Nichtsdestotrotz birgt eine einseitige Ausrichtung Gefahren: Sobald ein Mitbewerber, der Gleiches leistet, auch Stärken in anderen Feldern aufweist, wird es für den einseitigen Anbieter schwer. Denn Wirtschaften ist anders als eine Sportveranstaltung, wo es nur einen Gewinner gibt, der alles bekommt: Im Markt tummeln sich viele Sieger, die um die Gunst der Kunden buhlen, und viele bekommen ihren Teil des Marktes. Die Größe und der Wert dieses Teils hängen vor allem davon ab, ob Unternehmen in allen Belangen ihren Kunden die Möglichkeit geben, sich mit dem Unternehmen umfassend zu identifizieren. Kunden möchten nicht nur eine technisch führende Lösung, sie wollen dies vorrangig von einem Unternehmen mit einer ansprechenden Identität und zu ansprechenden Konditionen.

So gesehen, sind die großen Gewinner der Wirtschaft jene Unternehmen, die in allen Ausrichtungen Überlegenheit zeigen: Sie bauen auf eine breite Kompetenzbasis. Als Paradebeispiel zählt hier immer noch Apple, das trotz Unkenrufen es immer wieder schafft, konsequent und konsistent jene Lösungen und Kundenerlebnisse anzubieten, die sich im Markt behaupten, und außerdem loyale, spendierfreudige Kunden zu gewinnen. Apple ist in allen Belangen des Design Canvas' optimal aufgestellt: Und sie überlassen nichts dem Zufall.

Man ist Marktführer
Die Kunden sind loyal
wem
man dient
was
man erzeugt
Die Angebote sind top
wer
man ist
wie
man handelt
Die Marke ist stabil und attraktiv

»Leader überlassen nichts dem Zufall!«

Weniger im Fokus der Öffentlichkeit, aber ebenso erfolgreich agieren andere Unternehmen, denen man oft ihre Stärke einer ganzheitlichen Ausrichtung nicht ansieht. Sie werden als »Hidden Champions« bezeichnet, wohl auch, weil sie es nicht nötig haben, laut auf die Trommel zu hauen – die Kunden lieben und nutzen sie trotzdem. So hat das Handelsunternehmen *dm* es zu beachtlichem Erfolg gebracht, indem es umfassend und konsequent auf die Balance zwischen den Bedürfnissen seiner Kunden, denen des Marktes sowie dem Versprechen seiner Marke und seiner Gestaltungsarbeit gesetzt hat. Seine Unternehmenskultur ist von einer Kundenzentrierung geprägt, ohne dabei zu vernachlässigen, dass die Bedürfnisse der Mitarbeitenden und die des Unternehmens selbst ebenso zu pflegen und zu fördern sind. Deswegen sind die Touch Points des Unternehmens mit Designprinzipien gestaltet, die sowohl den Kunden als auch den Mitarbeitenden ansprechen und so allen ein stimmiges Erlebnis bescheren.

In solchen »stabilen Marken« ist das Design meist fest integriert: Die Konsequenz von Designvorgaben ist allen bewusst und wird entsprechend getragen. Design wird von der Unternehmensphilosophie geführt, es stellt sich ein umfassendes Designs Being ein. Für Design-Gurus gibt es keinen Platz, ebenso wenig für Gurus anderer Gattungen: Der Guru ist hier die Gemeinschaft – die der Kunden und der Mitarbeitenden!

La Grotta Azzurra

Wird das Versprechen eingelöst?

»La grotta azzurra« ist ja ein deutsches Lokal! Nix italienisch...

Ist die Gestaltung stimmig?

Die »Grotta« ist ein steriler weißer Raum, nur die Tischkarten haben etwas »blaues« an sich

Machen alle Angebote Sinn?

Auf der Karte gibt es sogar Schweinshaxe!

Passt das Gelieferte zum Image?

war so gar nicht italienisch, eher gutbürgerlich. Und der Kellner war Grieche.

Ist der Preis angemessen?

23 € für eine Margharita? Sach ma...

Würden Sie es weiterempfehlen?

Nö!

Nie ~~1~~ X 2 3 4 5 6 7 8 9 Ja

2.9 Wie bleibt man auf der »Lieblingsliste«?

Die Geschichte von Sandy aus Kapitel 1.9 hatte einen Epilog: Nur wenige Jahre nach der Einführung der neuen Produktgruppe wurde das verantwortliche Team nach und nach ausgetauscht. Nicht weil sie nicht »performten«, sondern weil viele den nächsten Schritt in ihrer Karriere machten. So auch ich …

Mit dem Weggang der Involvierten ging auch Sandy ihrer Wege und kam nicht zurück – heute ist nur noch wenig von ihr zu spüren. Auch der Erfolg der Produkte war von entsprechend kurzer Dauer – heute ist dieses Geschäft aufgegeben. Nicht weil die Kunden nicht mehr wollten, sondern weil das Unternehmen nicht mehr wollte.

Wirtschaftliche Nachhaltigkeit beginnt immer beim Unternehmen selbst und nicht beim Kunden. Kunden reagieren auf das Angebot eines Unternehmens und entscheiden dann, ob sie investieren. Und deswegen endet wirtschaftliche Nachhaltigkeit meist auch durch das Zutun des Unternehmens selbst: Liefert es schlechte Kundenerlebnisse, dann entscheiden sich die Kunden dagegen und beenden ihre Investitionen.

Sehr anschaulich wird dieses Phänomen vom Untergang des Handelskonzerns Schlecker[16] illustriert: Dessen Motto, der Größte zu sein, ist keine Eigenschaft des Unternehmens, sondern eine des Kundenzuspruchs. Als die Kunden merkten, dass sie bei der Konkurrenz die Zahnpasta zum gleichen Preis in einem ansprechenden Ambiente erwerben konnten, wechselten sie den Anbieter und Schlecker blieb auf der Ware sitzen.

»Nicht der Kunde verlässt die Marke, sondern die Marke verlässt den Kunden!«

Konkurs. Manche Unternehmer verwechseln die Vorzeichen: Man ist nicht das, was man von sich selbst behauptet, man ist das, was die Kunden einem sagen.

Wer also an einem langfristigen wirtschaftlichen Erfolg seines Unternehmens interessiert ist (Unternehmer sind das fast immer, die angestellten CEOs nicht zwangsläufig ...), der schaut zuerst, ob sein Unternehmen in der Lage ist, herausragende und ganzheitliche Kundenerlebnisse zu liefern.

Jim Collins hat in seinem Buch »Good to Great« die Aspekte nachhaltiger Erfolge aufzudecken versucht und seine Erkenntnisse verwundern den aufgeklärten Leser nicht sonderlich: Es ist vor allem die Konsistenz, gepaart mit Beharrlichkeit und Weitsicht, was den Unternehmen auf Dauer Erfolg beschert. Wenn es ein Kriterium gibt, das für den nachhaltigen Erfolg eines Unternehmens elementar ist, dann ist es die Konsistenz: Auch wenn man ein bunter Vogel ist, so wie ein Richard Branson[17], ist man nur so lange erfolgreich, wie man das auch »konsistent« ist. So lange, wie man seiner Linie treu bleibt.

Loyale und motivierte Kunden suchen einen Halt, und haben sie den einmal gefunden, bleiben sie so lange, wie sie den Halt verspüren. Der amerikanische Autor und Designer Marty Neumeier zitiert in seinem Kult-Buch »The Brand Gap« den ehemaligen Werber Phil Dusenberry, der dies auf den Punkt brachte: »Kunden verlassen keine Marken, sondern die Marke verlässt den Kunden!«

Das schlagende Kriterium, auf Dauer im Geschäft zu bleiben, hängt wesentlich weniger davon ab, was ein Unternehmen erzeugt oder liefert, sondern vielmehr, wie das Unternehmen dies tut: wie es alle Aspekte seines Handelns gleichförmig und bewusst gestaltet und bei der Stange bleibt – eben ob es eine umfassende Designführung hat!

Aspekte einer Designstrategie

→ Die Persönlichkeit des Unternehmens (Werte, Vorhaben, Passion) bestimmt die Entscheidungsfindung des Produkts – und damit sitzt auch der Kunde mit »am Tisch«. »Wie würde Sandy entscheiden?«

→ Die Persönlichkeit des Unternehmens ist fundamental, nicht temporär. Sie kann sich weiterentwickeln, aber nicht radikal ändern.

→ Das Unternehmen weiß daher, was es gut kann, und eben auch, was nicht.

→ Das Unternehmen bleibt »bei der Stange« und hält an seiner Linie fest. Egal was es tut, es handelt konsequent konsistent.

→ Entsprechend gestaltet das Unternehmen alle Aspekte der Organisation: nicht nur die Erlebnisse und deren Umsetzung, sondern auch die Unternehmenskultur.

2.10 Die Designstrategie entwickeln

Mit dem Design Canvas lassen sich die vier wichtigen Elemente der Designstrategie erarbeiten, sodass man diese im Designprozess zielführend anwenden kann. Die vier Elemente müssen dabei alle umfassend erarbeitet und definiert werden.

Bei der Anwendung des Design Canvas ist noch Folgendes zu beachten: Die vier »W«-Aspekte stehen immer im Zusammenhang, nie sollte man sie isoliert betrachten. Erst im Zusammenhang kann man sie einer übergreifenden Strategie zuführen!

- Es gibt keinen wirklichen Startpunkt: Man kann bei jedem Aspekt beginnen.
- Der Einstieg erfolgt am besten mit jenem Aspekt, der der eigenen Orientierung entspricht (zum Beispiel mit dem WAS, wenn man einen Businessplan oder eine Produktidee bereits vorliegen hat).
- Beim erstmaligen Einsatz oder bei der Überprüfung eines bestehenden Kundenerlebnisses, beginnt man am besten mit dem WER (schließlich ist es das Fundament des Unternehmens!).
- Man muss zwingend alle Aspekte klären und die Zusammenhänge ergründen: Man kann nicht einen Teil auf später verschieben (»Ach, das WIE machen wird dann später mit der Agentur ...«).
- Die Erarbeitung der Strategie erfolgt am besten im Team mit allen beteiligten Unternehmensbereichen, quasi als interdisziplinäres Qualitätsmanagement.
- Die Beantwortung der Fragen und die Formulierung der Anforderungen erzeugen die Designstrategie. Daher ist es wichtig, die Ergebnisse für alle Beteiligten zugänglich zu machen, zum Beispiel, indem man dafür eigens einen Projektraum einrichtet.
- Der Beantwortung der WARUM-Fragen sollte ein besonderer Stellenwert beigemessen werden: Mit ihr steht und fällt manch glorreiche Idee oder vielversprechender Businessplan. Dies ist der »Lackmustest« für die Sinnhaftigkeit jeder Lösung.

Als Beispiel habe ich den Design Canvas von Sandys Unternehmen eingefügt: Dank dieser Strategie wurden die erfolgreichen Produkte entwickelt und umgesetzt.

Was diese Strategie letztendlich unterwanderte, war nicht etwa mangelnde Qualität, sondern mangelnde nachhaltige Führung. Jede Strategie ist nur so gut wie die Führung, die ihre Umsetzung sinnvoll anleitet!

Eine Designstrategie

Der Markt
Der Markt, in dem wir uns bewegen, ist im Umbruch: Digitalisierung sorgt für eine Konsolidierung, wir werden zusehends von anderen Anbietern aus dem Stammgeschäft verdrängt. Daher setzen wir auf einfache, lebensbejahende Lösungen.

Die Beziehung
Die Charakteristik unserer Zielkunden entspricht unseren Werten: Unsere Kunden sind wie wir, lebensbejahende Menschen!

Viele Menschen entsprechen dieser Charakteristik, was umfangreiche Studien belegt haben: Sie wollen Technologie aktiv nutzen, legen dabei aber Wert auf ansprechende Gestaltung, gute Produktqualität und einen Anbieter, der ihre Werte teilt.

Eine Zentrierung auf diese Kundengruppe (die Geniesser) ist für uns daher sinnvoll: Diese Gruppe sieht in uns nicht nur einen Partner mit gleichen Werten, tatsächlich können sich unsere Mitarbeitenden in ihren Handlungen mit dieser Gruppe identifizieren und daher echte Kundenerlebnisse erzeugen.

Unsere Kunden
Unsere Kunden sind Genießer, so wie wir. Sie schätzen die Gemeinschaft mit anderen und mögen es, gemeinsam Neues zu erkunden und die Welt zu entdecken. Sie gehen dabei nic hedonistisch vor, sondern versuchen, die Umwelt zu schonen wo es geht. Sie wollen ihre Zeit sinnvoll und freudig genießen

Technologie gegenüber sind sie aufgeschlossen und sie wollen zielgerichtet vorgehen: Technologie soll Spass mache und das Leben erleichtern und verschönern.

Sie erwarten, dass wir diese Technologie verantwortlich herstellen und vertreiben, aber sie wollen nicht von uns explizit darüber informiert werden. Wenn wir sie diesbezüglich nicht enttäuschen, bleiben sie loyale und motivierte Kunden.

Unsere Marke
Wir sind inspiriert von den Werten der Unternehmensgründer, stolz auf unser Erbe und unsere Rolle in der Wirtschaft. Was uns seither antreibt, ist, das Leben von Menschen zu ve bessern, in dem wir ihnen nützliche und einfache Technologi verfügbar machen. Daher sind wir offen für neue Entdeckungen und streben nach Einfachheit.

Wir versuchen unseren Kunden mit intuitiven und sinnvollen Lösungen ein relevantes Erlebnis zu geben, das sie auch wirklich brauchen.

Wir genießen das Leben, genauso wie unsere Kunden. Daher erzeugen wir Lösungen, die verbinden und Freude machen. Jedoch tun wir das nie auf Kosten der Anderen unc achten auf die Nachhaltigkeit, sowohl für unser Unternehme als auch für die Umwelt, in der wir leben.

Unsere Identität
Wir werden von anderen sofort erkannt, mit unseren Stärker und Schwächen. Wir wollen dies, da wir uns nur so differenz ren können und für unsere Kunden relevant werden. Desweg tragen wir unsere Identität selbstbewußt aus und kennzeich das, was wir tun, mit Stolz. Man sagt, dass wir lebensfroh si

)iese bewegen sich nie im unteren Marktsegment. Wir vertreiben ınsere Angebote über den Fachhandel, den wir mit spezifischen /ertriebsmitteln ausstatten, sodass er unsere Positionierung aktiv ınterstützt. Wir sind ein verlässlicher Partner des Handels.

)eren Erlebnis

Jnsere Kunden erleben uns immer ganzheitlich: an keinem ouch Point weichen wir von unserer Identität ab und liefern in konsistentes und kohärentes Erlebnis.

Unsere Kunden erleben uns als »Genießer«, entsprechend st ihr Erlebnis mit uns und unseren Handlungen und Produken gekennzeichnet. Die Kommunikation verspricht diesen Genuss, die Interaktion mit Mitarbeitenden ist immer freundich und von Leichtigkeit gekennzeichnet: Wir erlauben uns Humor, sind aber trotzdem zuverlässig und füreinander da. /or allem im Service zeigt sich diese Haltung, in dem wir mmer kulant sind und interessiert an den Erfahrungen unseer Kunden.

Jnsere Designprinzipien

Menschenzentriert: Alles was wir gestalten, nimmt Rücksicht uf den Menschen. Wir vermeiden unnötige Details, komplexe trukturen und technische Anmutung. Unsere Gestaltung ist aher offen, großzügig und einladend.

Zugänglich: Unsere Handlungen, Aussagen und Erzeugnisse ind barrierefrei und geradeheraus – sie sind einfach. Wir verneiden Nebensätze oder Komplexität. Wir sprechen die Dinge n und laden andere ein, mit zu reden. Unsere Produkte sind lar gegliedert und haben eine dem Nutzer zugewandte Seite.

eicht: Unsere Gestaltung strebt nach Leichtigkeit. Wir verneiden dunkle Farben, spitze Formen und Aggressivität. Die)berflächen sind leicht gewölbt und frei von Strukturen. Wir erwenden viel Weiß und helle Farbtöne, unsere Gestaltung trahlt Freude aus und ist lebensbejahend.

ıd gerne mal etwas Neues ausprobieren und dabei auf vernftige, machmal verspielte Lösungen kommen. Unser Hanıln spiegelt dies wieder: wir sind offen und geradeheraus. ementsprechend gestalten wir alles zugänglich und leicht, in r Form, aber auch in der Interaktion und der Nutzung.

Unsere Angebote

Unsere Angebote entsprechen in allen Belangen unserer Markenphilosophie: Sie sind Nutzerzentriert und daher einfach in der Handhabung und im Gebrauch. Nutzerkomfort steht dabei immer über technischen Features.

Wir bieten in jeder Kategorie, in der wir tätig sind, eine »Familie« an, die unseren Kunden erlaubt, zwischen preiswerten und exklusiven Angeboten zu wählen, jedoch befinden sich unsere Angebote nie im unteren Marktsegment.

Wir differenzieren uns gegenüber der Konkurrenz mit technisch ausgefeilten Lösungen, die aber eindeutig unterstützend sind: Unsere Markenidentität ist hier treibend.

2.11 Macht alles Sinn?

Wenn man die vier Aspekte des Canvas erarbeitet und somit die Designstrategie festlegt, sollte man sie fortlaufend auf die innere Kohärenz hin überprüfen: Macht das alles Sinn? Erfüllen die Angebote einen Zweck? Diese Fragen aus der Sicht der Kunden zu stellen erlaubt zudem den kritischen Blick auf die eigenen Entscheidungen und Handlungen. Dabei könnte man ähnlich vorgehen wie bei einem Besuch im Restaurant und sich entsprechend folgende Fragen zum eigenen Unternehmen stellen:

- Wirkt das Markenversprechen authentisch, ist es ansprechend?
- Traut man dem Inhaber das Versprochene auch zu, wirkt das Ganze plausibel?
- Wird das Erlebnis auch stimmig über alle Touch Points umgesetzt?
- Ist das, was man erlebt, überhaupt relevant?
- Wirkt das gesamte Ambiente und die Werbung (die Berührungspunkte) attraktiv?
- Sind die Preise angemessen? Und ist das ganze Unternehmen überhaupt rentabel, lohnt sich ein Investment? (Auch Kunden investieren!)

Diese Fragen wendet jeder intuitiv an, zum Beispiel um zu klären, ob das Erlebte einen besonderen Platz einnimmt, ob man es weiterempfehlen kann oder es in Zukunft wieder nutzen wird! Lässt sich eine dieser Fragen nicht eindeutig klären oder fällt die Beurteilung negativ aus, dann leidet unweigerlich die gesamte Erlebnisqualität darunter. Beantwortet man auch nur eine dieser Fragen mit Nein, dann streicht man das »Lokal« von der Lieblingsliste. Ein Haar in der Suppe kann genügen, um das Kartenhaus eines Unternehmens zum Einstürzen zu bringen. Diesen Check macht man tatsächlich nicht nur bei einem Restaurantbesuch, bei jeder Transaktion und bei jedem Konsum wendet man ihn, meist völlig im Unterbewusstsein, an!

Was die Checkliste für stimmige Unternehmen so entscheidend macht, ist, dass die Beurteilung immer hochgradig individuell ist: Da Erlebnisse immer persönlich sind, können sie eben nicht für jeden Kunden relevant sein! Erlebnisse, die für alle relevant sein wollen, sind im Umkehrschluss nie persönlich, sie sprechen nur den »Verbraucher« in uns an.

Gerade große Organisationen tun sich schwer, wirklich loyale und motivierte Kunden an sich zu binden, weil sie versuchen, eine zu große und heterogene Kundengruppe mit einem einzigen Erlebnis zu beglücken. Gekauft werden diese »Erlebnisse« in Mengen, doch weiterempfohlen und geschätzt wird das Angebotene eben nicht. Die Kunden dulden das Angebot zwar, aber binden sich nicht. Als Reaktion der Unternehmer werden daraufhin die Kunden gebunden: zum Beispiel durch Knebelverträge oder indem man ihnen dauernd Geschenke macht, mit Sonderangeboten oder »zwanzig Prozent auf alles«! Haben Sie etwa auch diese Bonuskarte?

Wenn jemand also glaubt, dass er das passende Angebot für eine Kundengruppe gefunden hat, kann man mit geeigneten Fragen abklopfen, ob die Umsetzung auch ein stimmiges Ganzes ergeben wird. Wie man es aus seiner Kindheit vielleicht noch kennt, sind »Warum-Fragen« immer jene, die ans Eingemachte gehen. Daher habe ich im Design Canvas jedes der vier Felder mit Fragen hinterlegt, die dabei unterstützen, die richtigen Antworten zu definieren.

Beim nächsten Meeting können Sie ja mal die Kollegen löchern und selbst mit lästigen Warum-Fragen dazu beitragen, dass man sinnvolle Antworten findet und somit eine Designstrategie wirklich umsetzt. Ihre Kunden werden es Ihnen danken!

wem
dienen wir?
unseren Zielkunden
deren Bedürfnissen
deren Loyalität

Markt

Beschreiben Sie die Eigenschaften, die ermöglichen, dass Sie sich im Wettbewerb behaupten können.

Warum sind wir wichtig?

Beschreiben Sie die Handlungen, die Sie ergreifen, um für Kunden relevante Angebote zu erzeugen.
→ Überprüfen Sie die KuZu!

Beziehung

Beschreiben Sie die Eigenschaften, die dazu beitragen, dass eine nachhaltige Beziehung zu Kunden entsteht und bleibt.

Warum sind wir loyal?

Beschreiben Sie die Handlungen, die Sie ergreifen, um für Kunden motiviert zu bleiben.
→ Messen Sie NPS und CCScore!

Warum sind wir fähig?

Beschreiben Sie die Handlungen, die Sie ergreifen, um für Kunden kompetent zu sein
→ Messen Sie Ihre Service-Qualität!

wer
sind wir?
unsere Persönlichkeit
unsere Werte
unser Versprechen

was
bieten wir?
relevante Angebote
klare Versprechen
stimmige Erlebnisse

Angebot
Beschreiben Sie die Eigenschaften, die sicherstellen, dass Sie ganzheitliche und stimmige Erlebnisse erzeugen können.

<u>Warum sind wir stimmig?</u>
Beschreiben Sie die Handlungen, die Sie ergreifen, um für Kunden konsequent zu sein.
→ Machen Sie Touch Point Audits!

<u>Warum sind wir richtig?</u>
Beschreiben Sie die Handlungen, die Sie ergreifen, um für Kunden attraktiv zu bleiben.
→ Messen Sie Ihren Markenwert!

dentität
schreiben Sie die Eigenschaften, die
währleisten, dass Sie eine eindeutige
entität erhalten und behalten.

<u>arum sind wir echt?</u>
schreiben Sie die Handlungen, die Sie
greifen, um für Kunden erkennbar zu sein.
Machen Sie Design Audits!

wie
handeln wir?
unser Erscheinungsbild
unsere Designprinzipien
unser Designmanagement

2.12 Die passenden Designer einsetzen

Ist das Ziel der Unternehmung deutlich und hat man eine Designstrategie festgelegt, dann kann man, losgelöst vom nachfolgenden Designprozess, in weiterer Folge auch festlegen, welche Art von Designexpertise man dafür benötigt. Unabhängig vom Grad der Designmaturität (ob man umfassend Design führt oder etwa nur das Design Doing beherrscht) impliziert das avisierte Kundenerlebnis, wie Design in die Gestaltung des Kundenerlebnisses eingebunden werden soll. Für das Design in einer »Pommesbude« braucht man eine andere Expertise als für das Design in der »Bottega dell' Arte« – jedoch brauchen alle Kundenerlebnisse eine Designführung!

Deswegen ist es für Designer und deren Auftraggeber besonders wichtig, die aktuelle Designaufgabe in ihrer Komplexität und Anforderung richtig einzuschätzen, um dann entsprechend die passende Designexpertise einzusetzen.

Dies zeigte sich, als ich einmal auf einen Mittelständler traf – er hatte erfahren, dass ich Designer bin – der mir stolz berichtete, dass er drauf und dran war, Luigi Colani[18] zu beauftragen. Er bräuchte dringend ein Produkt im Portfolio, mit dem er so richtig »Wind« verursachen könne! – »Und Herr Colani kennt sich mit Heftzangen aus?«, fragte ich ihn verwundert. »Ja«, so die erstaunte Antwort, »Herr Colani kann alles designen!« Na denn …

Designführung bedeutet, nicht nur das richtige Design für die Organisation zu entwickeln und Design umfassend zu führen, es bedeutet auch, die passende Designexpertise für die Umsetzung zu sichern.

Die professionellen Designer und Designerinnen müssen die erforderliche spezifische Rolle erkennen können, um das Leistungsversprechen eines Unternehmens zu erfüllen. Denn kein Unternehmen gleicht dem anderen, also kann auch keine Designstrategie oder Designumsetzung der anderen gleichen. Den Kontext zu verstehen, indem man als Designer tätig ist, gehört zum Grundgerüst eines Designprofis. Wirkliche Profis zeichnet aus, dass sie, ausgehend vom Auftraggeber, ihre Expertise einbringen und dabei immer den »richtigen Ton« treffen – und eben nicht ihre eigene »Musik« herunterleiern.

Bevor Unternehmen also mit der Ausgestaltung ihrer Marketingstrategie beginnen, um gute, umfassende Kundenerlebnisse zu erzeugen, sollten sie klären, ob es, neben dem Design Being und Design Thinking, auch die passenden Designer gibt, die diese Strategie entsprechend ausgestalten können. Hat man sie nicht im Unternehmen integriert, dann beauftragt man passende Designer mit der entsprechenden Expertise. Und eben nicht jemanden, der mit seiner Strahlkraft das Unternehmen, für das er arbeitet, überstrahlt.

Als Orientierungshilfe für die Definition der passenden Designexpertise fürs Doing, habe ich, anhand der vier Restaurantmodelle, in der Tabelle auf den Seiten 186/187 die jeweils erforderliche Rolle des Designs beschrieben. Der geschulte Betriebswirt erkennt gleich, dass es sich hierbei um die klassischen Ausrichtungen einer Geschäftsstrategie handelt: geistige Führerschaft, Produktführerschaft, Prozessführerschaft und Preisführerschaft. Je nach Ausrichtung erfordert die Umsetzung eines Kundenerlebnisses unterschiedliche Designkompetenzen: Gilt es, ein völlig neues Konzept im Markt zu etablieren, ist Expertise erforderlich; um bestehende Lösungen zu verfeinern oder in Varianten zu überführen, braucht man Effizienz und Effektivität. Entsprechend rar und teuer sind die Experten der geistigen Führerschaft, wohingegen die Designkompetenzen der Preisführerschaft oft benötigt werden und entsprechend groß fällt hier das Angebot an Designdienstleistungen aus.

Auf jeden Topf passt ein Deckel, und auch das Design muss passen!

Die Rolle des Design

Erlebnismodell (Was erlebt der Kunde?)	Einmaliges Erlebnis
Geschäftsmodell (Wofür setzt sich Design ein?)	Geistige Führerschaft
Roll des Design (Was möchte Design erreichen?)	Inspirieren
Designprozess (Wie geht das Design vor?)	Expertise-basiert
Nachfrage (Wieviele Projekte gibt es?)	Wenige
Verfügbarkeit (Wieviele Designer können das?)	Wenige
Preis (Was kostet ein Projekt?)	Sehr viel

Das beste Produkt	Value for Money	Schnellste Erfüllung
Produkt-Führerschaft	Prozess-Führerschaft	Preis-Führerschaft
Beraten	Unterstützen	Dienen
Erfahrung-basiert	Effektivität-basiert	Effizienz-basiert
Mittel	Viele	Sehr viele
Mittel	Viele	Sehr viele
Viel	Mittel	Wenig

Das Design der Rolle ...

Erlebnismodell (Was erlebt der Kunde?)	Einmaliges Erlebnis
Geschäftsmodell (Wofür setzt sich Design ein?)	Geistige Führerschaft
Roll des Design (Was möchte Design erreichen?)	Inspirieren
	Man kennt sie, die Design-Gurus, obwohl sie langsam aussterben: Philipp Starck, Karim Rashid, Colani etc. Mit ihren Konzepten schafften sie es auf die Titelseiten und waren für Legionen von Designern und vor allem für jene, die sich für welche halten, eine Quelle der Inspiration. Ersetzt werden die kreativen Genies jetzt durch das Genie des kreativen Kollektivs!

Suchen Sie sich die richtigen Designer aus, wenn Sie eine Designaufgabe zu vergeben haben ...

Das beste Produkt	Value for Money	Schnellste Erfüllung
Produkt-Führerschaft	Prozess-Führerschaft	Preis-Führerschaft
Beraten	Unterstützen	Dienen
Bei kniffligen Designfragen wendet man sich an die Spezialisten, wie IDEO oder frog. Mit ihren etablierten Methoden beraten diese Agenturen, die längst weit mehr machen, als nur schnö-des Design, jeden, der es sich leisten kann, sie zu beauftragen. Es ist nicht preiswert, aber dafür erhält man Einblick in neueste Methoden und arbeitet mit coolen Leuten!	Sie arbeiten effizient, denn sie kennen sich aus! Meist versteckt hinter gesicherten Türen von Studios, zum Beispiel von der Auto-Marke, arbei-ten die Designer an der Erstellung von Konzepten, eines nach dem anderen. Sie wissen genau was sie tun und daher können sie es auch unter widrigen Umständen, wie in direkter Zusammenarbeit mit dem Marketing!	Wer kurz vor Messestart noch schnell einen Katalog braucht, um seine Sonderkollektion vor zu stellen, ist heilfroh, dass es solche Designer gibt: Sie können auf der Basis von vorgefertigten Routinen rasch reagieren und erledigen manchen Designjob über Nacht. Viele Freelancer stehen so Gewehr bei Fuß um Design-Aufgaben zu lösen.

… und machen Sie als Designer nicht etwas, für das Sie keine Expertise haben!

3. Womit designen?

Das Umsetzen einer Designstrategie in Design-Briefings und deren Anwendung in einem geführten Designprozess stellt die Gestaltung von holistischen Kundenerlebnissen sicher.

»Rubbish in is rubbish out!«

3.1 Gutes Design braucht ein gutes Briefing

Aus der Geschichte von Sandy kann man viele Lektionen ziehen und dafür sorgen, dass eine gute Erlebnisgestaltung auch in einer guten Erlebniserfüllung mündet. Es hilft ungemein, wenn die Organisation die Aspekte des »Lieblingsunternehmens« erfüllt: Dann tragen alle Mitarbeitenden zur stimmigen Erlebniserfüllung bei. Doch wirklich effektiv ist nur ein gutes Briefing, das sich über die Grenzen der Unternehmenssilos hinweg behaupten kann und dafür sorgt, dass Design Doing sich optimal mit dem Design Being verbindet. Das Briefing ist ein essenzielles Bindeglied in der Führungskette: Es verbindet die Strategie über die Geschäftsentwicklung mit der Umsetzung und sorgt dafür, dass es so hinausschallt, wie man hineinruft.

Das Briefing für die Erzeugung eines konsistenten und stimmigen Kundenerlebnisses muss dabei so viel festlegen, dass die Designer eindeutige Leitplanken haben, in denen sie arbeiten können, jedoch gleichzeitig so viel Freiraum ermöglichen, dass kreative Lösungen entstehen können. Wenn man die Anforderungen für die Entwicklung und Erzeugung eines Kundenerlebnisses im Rahmen einer Kundenreise, einer »Customer Journey«[19], festlegt, dann müssen Entscheidungen im Umsetzungsprozess immer in einem Kontext der Kundenzentrierung vorgenommen werden – und eben nicht ausschließlich im Kontext von finanziellen, technischen oder kommerziellen Aspekten.

Design Briefing für: PC-Zubehör

- Ein Design, das besser aussieht, als das der Konkurrenz. Am besten technischer, denn wir haben tolle Features!
- So cool wie Apple, nur dann eben nicht Apple
- Viel schwarz, denn das ist der Trend
- LEDs, die aufleuchten, wenn Features aktiv sind
- Typographie im Stile der Formel-1, schnell!
- Verpackung soll im Regal auffallen!
- Die Produkte müssen darin gut zu sehen sein
- Grelle Farben?
- Jeweils vier Konzepte bis Freitag. Die Auswahl macht das Produktmanagement am Sonntag mit Vertretern des Handels! (Nürburgring)

So sehen Briefings öfter aus, als einem lieb ist…

Folgende Aspekte zeichnen ein solch umfangreiches Briefing aus:

- Das Markenversprechen, die Unternehmenswerte und -vorhaben sind klar formuliert und bilden den unverrückbaren Kern des Briefings: Diese Aspekte ändern sich nie.
- Die Designprinzipien bestimmen, wie etwas umgesetzt wird: Sie sind klar definiert und ebenfalls grundsätzlicher Natur.
- Die Ziel-Kunden sind als Persona beschrieben. Deren Bedürfnisse sind die Ausgangslage für die angestrebte Lösung: Da Kundenbedürfnisse immer in einem Kontext entstehen, sind diese Aspekte von Briefing zu Briefing unterschiedlich.
- Die angestrebte Lösung oder das gewünschte Kundenerlebnis ist als Kundenreise beschrieben und erläutert und wird bestenfalls ergänzt von einem Spezifikationsblatt mit technischen Features.

Die stets fixen Aspekte eines Briefings – die Markenwerte und die Designprinzipien, die sich, egal was man herstellt, nicht ändern – lassen sich auch in einem Styleguide (oder Markenhandbuch) beschreiben. Viele Unternehmen haben bereits mit ihrer Corporate Identity die Grundlage dafür geschaffen. Dabei sind Designprinzipien, wie Markenprinzipien auch, grundsätzliche und langfristig orientierte Richtlinien und Leitplanken, die eben nicht mit jeder Designaufgabe neu aufgestellt werden.

Viele Unternehmen verpassen die Chance, mit ihren Designaktivitäten eine Grundlage für Konsistenz und Kohärenz zu schaffen: Sie überlassen die Definition der Designprinzipien dem Zufall, indem sie zulassen, dass diese der Output eines Designprozesses sind – jedoch sind Designprinzipien, wenn Design geführt wird, immer ein Input in einem Designprozess!

Daher ist es wichtig, dass Markenwerte und Designprinzipien fest in die Prozesse und Abläufe verankert werden. Reicht ein entsprechender Styleguide allein nicht aus, um diese fixierten Aspekte einzubringen, dann kann der Einsatz von eigens aufgestellten Design-Auditoren oder Designmanagern sicherstellen, dass bei Designentscheidungen die involvierten

»Design ist wie gute Musik: Die Aufführung kann alles vermasseln!«

Kollegen und Lieferanten genau wissen, was die Lösung letztlich beinhalten muss: die konsistente und stimmige Aufführung eines Erlebnisses, basierend auf einer gegenseitigen Wertschätzung zwischen Unternehmen und den Kunden. Sind die Prozesse und Richtlinien gut entwickelt und sinnvoll, dann gehen sie allen in Fleisch und Blut über – und genau dort gehören Designprinzipien nämlich hin: ins Selbstverständnis der Mitarbeitenden!

Dabei ist Vertrauen in die Kompetenz der Mitarbeitenden sicherlich besser als eine ständige Überprüfung der Einhaltung von Briefing-Vorgaben. Man möchte ja schließlich erreichen, dass die Mitarbeitenden selbstbestimmt die richtigen und relevanten Entscheidungen treffen können und sich so Design Thinking konstruktiv entwickelt. Der Weg zu einem erfolgreich agierenden Unternehmen führt nur über die umfassende Kompetenz und Motivation der Mitarbeitenden. Deswegen ist es unabdingbar, ihnen für ihre Tätigkeiten die geeigneten Tools und Methoden zur Verfügung zu stellen: Auch kleine Orchester leisten sich einen Dirigenten und die erfolgreichen allemal!

3.2 Gutes Design-Briefing

Die mit dem Canvas erarbeitete Strategie – die ja eine bewusste Entscheidung ist, das Unternehmen in einer bestimmten Art zu gestalten – ist Ausgangslage für jede gestalterische Arbeit und Entscheidung im Unternehmen. Hat man also einen Design Canvas, quasi auf der Meta-Ebene, für das Unternehmen oder für die Marke erstellt und somit seine Designstrategie verfasst, ist die Entwicklung von Design-Briefings für einzelne Produkte recht einfach. Damit die zu entwickelnden Produkte und Dienste erfolgreich werden, müssen sie zu Kundenerlebnissen werden und stets auf das Markenerlebnis einzahlen. Daher muss das Briefing zwangsläufig auf das Fundament der Marke zurückgreifen: Die stabilen Elemente des WER und WIE sind daher bei jedem Design-Briefing gleich, sodass jedes neue »Mitglied« im Produktportfolio eindeutig ein Spross der Familie wird.

Gerade in Unternehmen mit umfangreichem Portfolio oder mit oft wechselnden Marketing- und Produktmanagern kann ein stabiles Design-Briefing Wildwuchs verhindern und über längere Zeiträume die Designentwicklung zur Konsistenz führen. In solchen Unternehmen steht zum Beispiel das Designmanagement für die Aufgabe, eine Designstrategie zu entwickeln und diese kontinuierlich mit der Strategiearbeit im Unternehmen abzustimmen. Hat das Unternehmen ein Design Being aufgebaut, dann ist die Designstrategie entsprechend fundamental und jede daraus folgende Entwicklung trägt inhaltlich zur Konsistenz des Kundenerlebnisses bei.

Das Design-Briefing klärt zu Beginn von Projekten in der Entwicklung die offenen Fragen und vermeidet somit einen Mehraufwand während des Projektablaufs: Statt zum Beispiel eine Markenpositionierung während des Projekts zu definieren, ist es viel effizienter, wenn man auf eine bereits definierte Position zurückgreifen kann. Statt Designprinzipien für jedes Projekt aufs Neue zu erarbeiten – mit dem Risiko, dass Wildwuchs entsteht –, ist es effektiver, wenn sie bereits vorliegen.

Gut ausgearbeitete Design-Briefings erlauben schnelle und zielführende Entscheidungen in der Umsetzung.

Es leuchtet daher ein, dass eine solche Arbeitsweise nur in jenen Organisationen, die ein Design Being entwickelt haben, möglich ist und wo infolgedessen eine breite Akzeptanz für die vorgefasste Designstrategie besteht, weil man weiß, dass man nur so wirklich stimmige Kundenerlebnisse erzeugen kann. Es ist das Selbstverständnis, mit dem ein begabter Solomusiker im Orchestergraben sitzt und sich den Anweisungen der Kollegen und des Dirigenten fügt, weil er weiß, dass nur eine orchestrierte und konzertante Aufführung sein Publikum begeistern wird – sein Erfolg hängt davon ab, wie gut er mit den anderen zusammenspielen kann!

Im Folgenden ist als Beispiel ein Design-Briefing aufgeführt, mit dem die verschiedenen »Sandy«-Produkte geführt wurden. Es beschreibt, wie ein Erlebnis entstehen soll, statt dem Designer vorzuschreiben, was er exakt zu gestalten hat.

Dies wäre Sandy's Design-Briefing gewesen

Der Markt
Zur Zeit wird der Markt des PC-Zubehörs von technisch-rationalen Markenversprechen dominiert. Die meist maskulin anmutenden Markenbilder, mit aggressiver Designsprache und dem Fokus auf Gaming, bieten für Bedürfnisse, wie die von Sandy, keine Lösung.

Die Beziehung
Warum Sandy? Die Charakteristik von Sandy's Persönlichkeit (offen, mobil, Menschenzentriert und sozial) entspricht unseren Werten, ist aber auch in großen Kundensegmenten vorhanden.

Viele Menschen führen ein Leben wie Sandy, was Konsumentenstudien belegen: Sie wollen PC-Zubehör aktiv nutzen, legen dabei aber Wert auf ansprechende Gestaltung und Produktqualität. Dies sind Aspekte, die unsere Marke bieten kann.

Eine Beziehung zu dieser Kundengruppe ist daher lohnend: Die Kundengruppe sieht in uns einen Partner mit gleichen Werten und auch viele Mitarbeiter können sich mit der Persona gut identifizieren.

Sandy
Sandy ist etwas über dreißig und lebt in einer Großstadt, auch weil dort die meisten ihrer Freunde wohnen. Sie liebt es mit anderen zusammen zu sein und hat eine große Facebook-Community, in der sie sehr aktiv ist: Viele sagen, Sandy wäre der Grund für sie, überhaupt auf Facebook zu sein!

Trotz der regen Freundesgruppe, liebt sie es zu verreisen und neue Plätze zu entdecken: Wenn sie könnte, würde sie jedes Land der Welt besuchen. Sowieso mag sie Neues und ist offen für neue Kulturen und Menschen.

Technologie ist sie aufgeschlossen gegenüber und versteht die Aufregung über den Datenschutz nicht wirklich – man muss halt aufpassen, was man von sich preis gibt. Was sie gar nicht mag, sind diese Nerds: Technologie soll unkompliziert sein und Spaß machen!

Unser Unternehmen
Wir sind inspiriert von den Werten der Unternehmensgründer, stolz auf unser Erbe und unsere Rolle in der Wirtschaft. Was uns seither antreibt, ist das Leben von Menschen zu verbessern, in dem wir ihnen nützliche und einfache Technologie verfügbar machen. Daher sind wir offen für neue Entdeckungen und streben nach Einfachheit.

Wir versuchen unseren Kunden mit intuitiven und sinnvollen Lösungen ein relevantes Erlebnis zu geben, das sie auch wirklich brauchen.

Wir genießen das Leben, genauso wie unsere Kunden. Daher erzeugen wir Lösungen, die verbinden und Freude machen. Jedoch tun wir das nie auf Kosten der Anderen und achten auf die Nachhaltigkeit, sowohl für unser Unternehmen, als auch für die Umwelt, in der wir leben.

Die Verkaufsflächen werden von Regalflächen dominiert, die Verkaufsverpackungen sind meist Blister.

Alternative Anbieter gibt es kaum, es sei denn es handelt sich um Nischenmarken. Einzig Apple bietet ähnliche Produkte, jedoch sind diese systemabhängig.

Wir positionieren uns im mittleren Preissegment.

Ihr Erlebnis

Die Produkte in der Kategorie Computerzubehör sind für Sandy gemacht!

Die Funktionalität richtet sich auf einfache Aufgaben, zusätzliche Features sind implizit und werden nicht gesondert beworben. Trotzdem ist die Technologie marktkonform oder marktführend. Die Produktausführung ist qualitativ hochwertig. Nützliche Etuis machen Transport und Aufbewahrung einfach.

Die Verpackungen kommunizieren klar und mit wenigen Worten den Produktnutzen – keine Featureaufzählungen. Bilder von Menschen (vorzüglich Frauen) veranschaulichen den Gebrauchsnutzen. Das Produkt ist in der Verpackung klar zu erkennen. Die POS-Gestaltung ist farbenfroh und hebt sich deutlich von der Konkurrenz ab.

Unsere Designprinzipien

<u>Menschenzentriert</u>: Alles was wir gestalten, nimmt Rücksicht auf den Menschen. Wir vermeiden unnötige Details, komplexe Strukturen und technische Anmutung. Unsere Gestaltung ist daher offen, großzügig und einladend.

<u>Zugänglich</u>: Unsere Handlungen, Aussagen und Erzeugnisse sind barrierefrei und geradeheraus – sie sind einfach. Wir vermeiden Nebensätze oder Komplexität. Wir sprechen die Dinge an und laden andere ein, mit zu reden. Unsere Produkte sind klar gegliedert und haben eine dem Nutzer zugewandte Seite.

<u>Leicht</u>: Unsere Gestaltung strebt nach Leichtigkeit. Wir vermeiden dunkle Farben, spitze Formen und Aggressivität. Die Oberflächen sind leicht gewölbt und frei von Strukturen. Wir verwenden viel Weiß und helle Farbtöne, unsere Gestaltung strahlt Freude aus und ist lebensbejahend.

Ihre Produkte

Wir bieten eine Produktfamilie an, die in jeder Produktkategorie jeweils drei Angebote stellt: ein Einstiegsprodukt, ein mittleres und eines mit technischem Schwerpunkt. Diese drei Kategorien werden mittels Farb- und Oberflächengestaltung differenziert, auch die Verpackungen greifen diese Segmentierung auf.

Zudem bieten wir noch eine Vielzahl an nützlichen »Gimicks« an, die nicht technologiegetrieben sind, sondern nutzenorientiert, wie Tragetaschen, Schutzhüllen, Laptopkissen für den Gebrauch im Bett und vieles mehr.

Technologische Features werden aufgeführt, sind aber implizit und nicht im Vordergrund. Trotzdem werden die Produkte in Vergleichstests zu den Besten gehören.

Aspekte im Bezug auf gutes Design-Briefing

→ Markenwerte und Designprinzipien des Unternehmens sind verbindlich festgelegt.

→ Der »Zielkunde« ist klar als eine »Persona« beschrieben.

→ Die Angebote des Unternehmens sind immer ganzheitliche Kundenerlebnisse und werden durch Customer Journeys (Kundenreisen) beschrieben.

3.3 Der Designprozess

Die Designstrategie ist die Voraussetzung für eine umfassende Designführung, jedoch ist damit noch nichts entwickelt, geschweige denn im Markt eingeführt und verkauft. Damit die Designstrategie (das Design Being) auch so in die Umsetzung gelangt, wie es konzipiert wurde, braucht es einen Designprozess, der die strategischen Entscheidungen und Handlungen in handfesten Spezifikationen definiert und allen Mitarbeitenden zur Verfügung stellt. Erst wenn Designaktivitäten zu Spezifikationen führen, die für andere verbindliche Inputs darstellen und die weitere Umsetzung leiten, dann ist eine Designstrategie auch wirkungsvoll.

Der sogenannte Double Diamond Prozess des British Design Council ist ein solcher Prozess, der die vier Kernelemente der Designstrategie (Wer, Wie, Wem, Was) verarbeitet und in eine konkrete Spezifikation überführt. Entstanden ist dieser Prozess aus der gleichen Motivation wie auch schon die Definition der Dänischen »Design Ladder«: Es gilt, das Design aus der üblichen Rolle einer ausschließlich nachgelagerten Gestaltungsarbeit zu befreien, indem man es in einen strategischen Kontext platziert.

Die Entwickler des »Double Diamond« (ein »Diamond« steht für eine Raute, die jeweils mit einer Phase des divergierenden Denkens beginnt und mit konvergierendem Denken schließt) haben der eigentlichen Gestaltungsarbeit (die im zweiten Diamond beschrieben wird) einen Prozess der Recherche und Problemdefinition (im ersten Diamond beschrieben) vorangestellt. So wollten sie sicherstellen, dass, bevor man mit dem Design Doing im zweiten Teil des Prozesses beginnt, ein profundes Design Thinking vorangestellt wird. Das Design Thinking im ersten Diamond liefert als Ergebnis ein umfassendes Briefing in Form einer Problemdefinition, welche die nachfolgende Designarbeit initiiert und inhaltlich leitet.

Auch in England gab es die Erkenntnis, dass Design ohne gutes Briefing – also ohne Führung – bestenfalls zum Ausschmücken taugt!

Am Anfang des Designprozesses steht immer die Frage nach dem Kundenbedürfnis oder dem Problemfeld, was somit die darauffolgende Entwicklungstätigkeit bestimmt. Stellt ein Unternehmen einen solchen Designprozess zentral, dann lassen sich die anderen Prozesse der Wertschöpfung mit ihm verbinden. Denn zentral sollte immer jener Prozess stehen, der sicherstellt, dass dem Kunden genau jene Erlebnisse geboten werden, die zu einer loyalen und motivierten Beziehung führen – und das leistet der »Double Diamond« Designprozess!

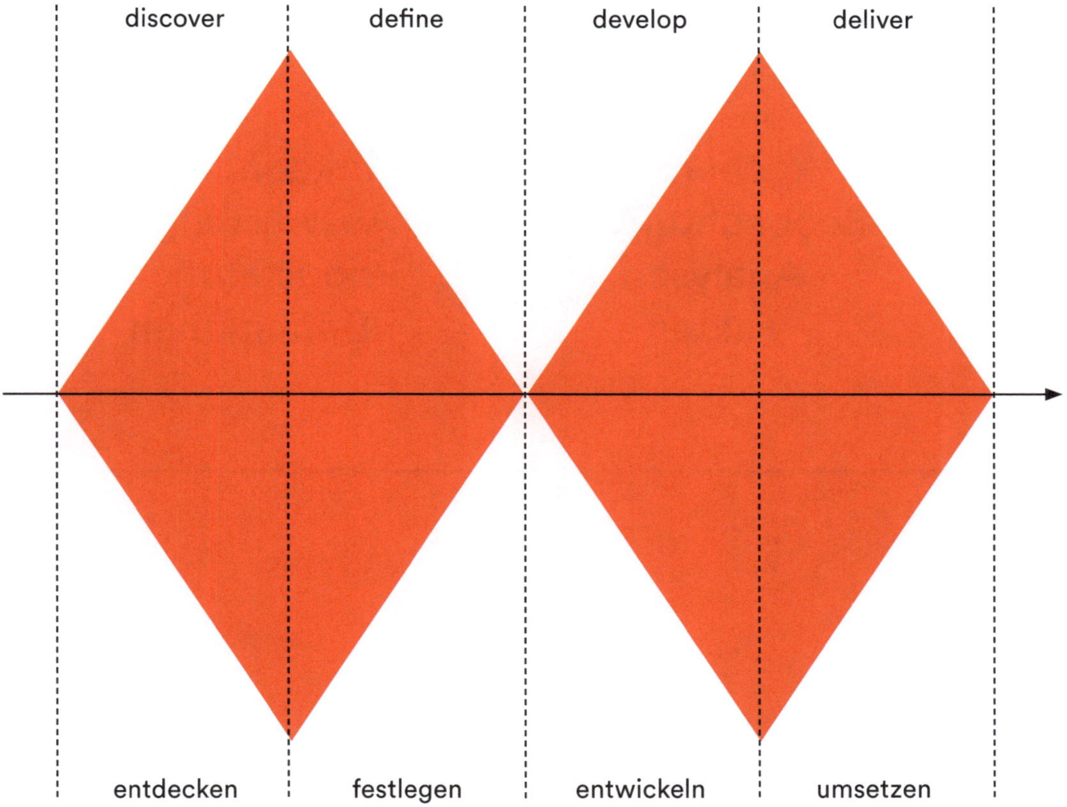

Der vom Britischen Design Council beschriebene Designprozess findet man im Netz unter http://www.designcouncil.org.uk/news-opinion/design-process-what-double-diamond

discover
define
Recherche
Beobachtungen
Analysen
Fakten
Erkenntnisse
Auswertungen
Priorisierungen
Definitionen
Divergentes
Denken
Konvergentes
Denken
Problemfrage
Forschungsergebnisse

develop
deliver
Konzepte
Ideen
Prototypen
Entwicklungen
Prinzipien
Richtlinien
Umsetzung
Spezifikationen
Divergentes Denken
Konvergentes Denken
Design Brief
Konzeptwahl
Spezifikation

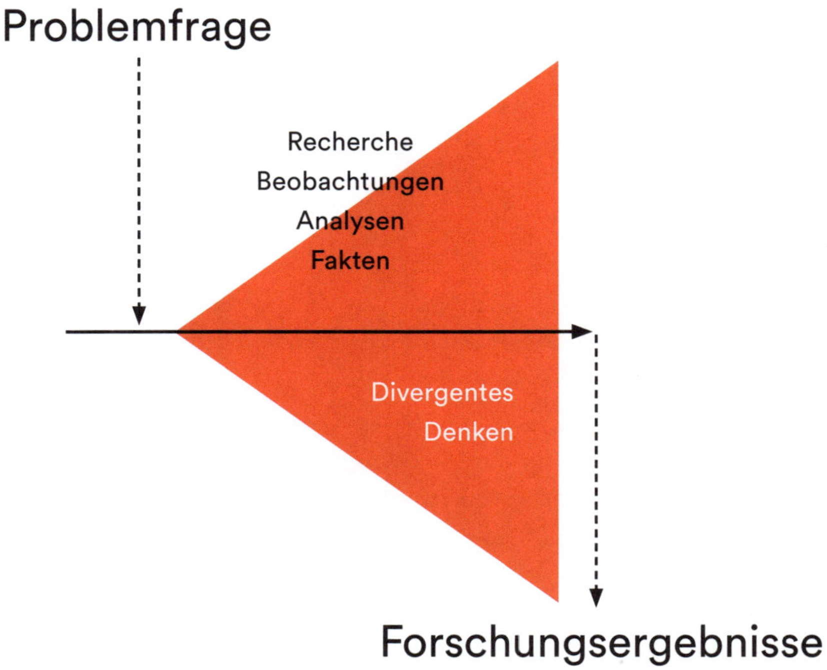
Problemfrage
Recherche
Beobachtungen
Analysen
Fakten
Divergentes
Denken
Forschungsergebnisse

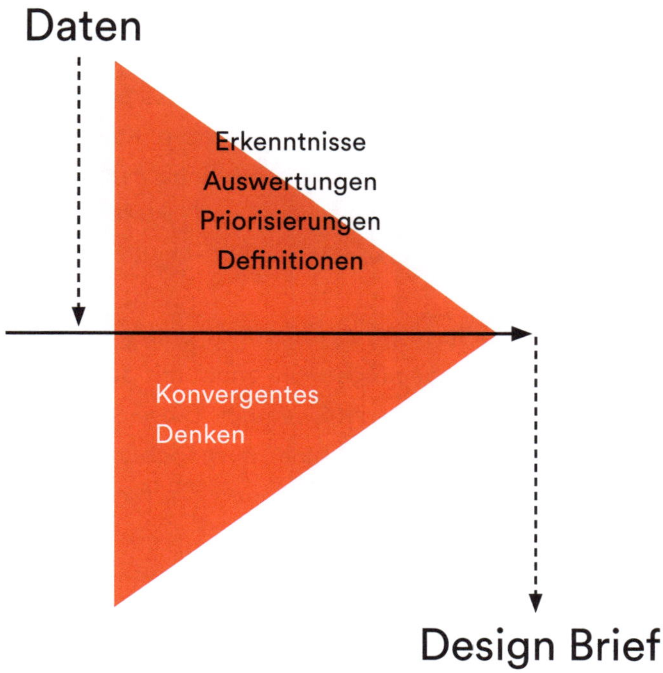
Daten
Erkenntnisse
Auswertungen
Priorisierungen
Definitionen
Konvergentes
Denken
Design Brief

3.3.1 Entdecken (discover)

Die erste Phase des Designprozesses beginnt mit der Erforschung von oder der Suche nach echten Kundenbedürfnissen. (Prozesse, die ein Bedürfnis gleich vorwegstellen – zum Beispiel indem sie vorgeben, was Kunden wollen –, sind keine Designprozesse, sondern bestenfalls Vermarktungsprozesse: Dort ist Design aufs Doing beschränkt.)

Naturgemäß ist diese Phase eine ergebnisoffene Aktivität, die mit divergierendem Denken angegangen wird, gilt es doch herauszufinden, welche Bedürfnisse Kunden tatsächlich haben.

Die Phase endet mit der Festlegung von Erkenntnissen, welche die Ausgangslage für die Definition des Kundennutzens bilden können. Die gewonnenen Erkenntnisse sind immer generisch – im Prinzip könnte jedes Unternehmen und jede Organisation diese erkennen und an den Anfang einer Entwicklung stellen. Das Erkennen eines Problems allein erzeugt noch kein relevantes Angebot!

3.3.2 Definieren (define)

In der zweiten Phase ist der Designprozess bestrebt, die gewonnenen Erkenntnisse zu filtern und zu hinterfragen: Kann das betroffene Unternehmen hier eine Antwort liefern? Welche Aspekte sind hier zu beachten? Es gilt herauszufinden, welche Antworten das eigene Unternehmen auf die gewonnenen Erkenntnisse hat – und hier beginnt die wirkliche Wertschöpfung!

Die zweite Phase ist zielorientiert und wird daher mit konvergierendem Denken angegangen. Sie endet mit der Beschreibung des konkreten Problems, das es zu lösen gilt. Diese Sicht ist immer spezifisch und auf Designer und Entwickler ausgerichtet: So entstehen das Briefing, beziehungsweise die Anforderungen für die darauffolgende Konzeptphase im Prozess.

3.3.3 Entwickeln (develop)

Mit der dritten Phase beginnt die klassische Designarbeit. Auf der Basis der Problemdefinition (des Designs-Briefings) werden Konzepte entwickelt, die eine Antwort auf die vorliegende Problematik sind.

Diese Phase ist wieder eine ergebnisoffene Aktivität, die divergent angegangen wird. So entstehen reichhaltige Konzepte, die allesamt Optionen für eine kundenzentrierte Erlebnisgestaltung sein können. Die Phase endet mit der Bestimmung des zweckmäßigsten Konzepts auf der Basis von Kriterien – und nicht auf der Basis eines persönlichen Geschmacks (egal wessen). Die genannten Kriterien lassen sich auf der Basis der Designstrategie sowie diverser Technologie- und Marktanforderungen festgelegen. Sie gewährleisten, dass die Konzeptwahl im Sinne des Unternehmens stattfindet.

3.3.4 Erstellen (deliver)

Damit das gewählte Konzept zu einem tatsächlichen Kundenerlebnis wird, muss es in der letzten, vierten Phase anhand von definierten Designprinzipien ausgestaltet werden. Diese konvergente Phase ist zielorientiert und gewährleistet, dass die Designstrategie (aus der das Design-Briefing ja abgeleitet wurde) sich im Design Doing auch wiederfindet. Nur wenn die Ausgestaltung letztlich ein Kundenerlebnis erzeugt, das eine direkte Verbindung zum Sinn des Unternehmens herstellt, ist es wirklich im Sinne der Designstrategie gestaltet.

Die letzte Phase endet mit der Auslieferung des Kundenerlebnisses oder mit einer Spezifikation für die weitere Umsetzung in einem industriellen Prozess.

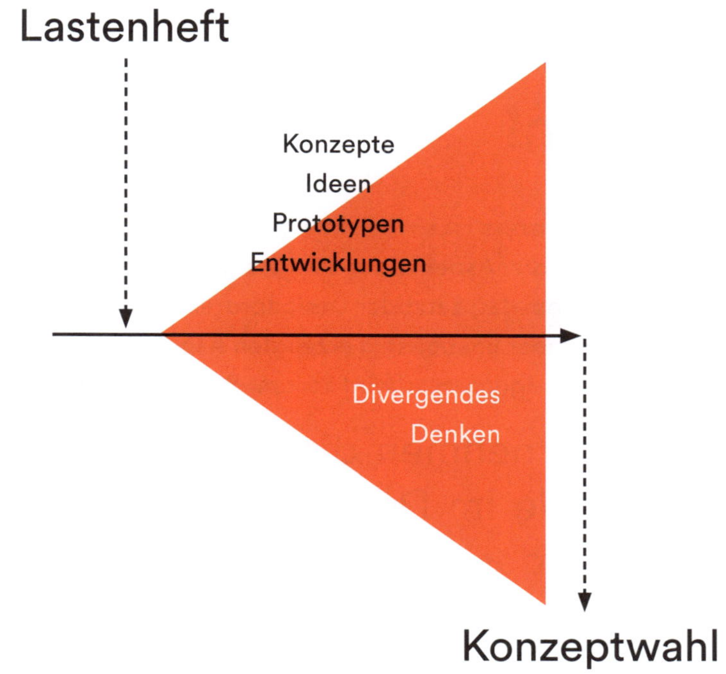
Lastenheft
Konzepte
Ideen
Prototypen
Entwicklungen
Divergendes
Denken
Konzeptwahl

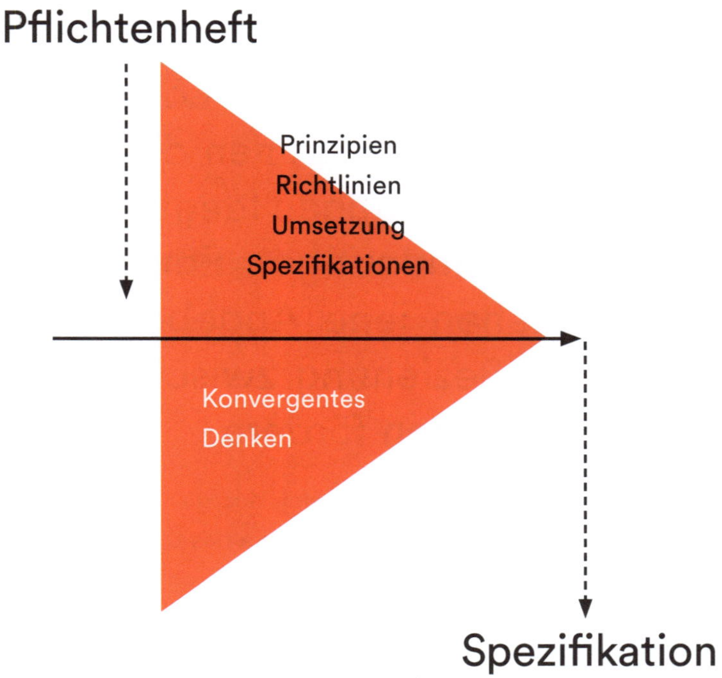
Pflichtenheft
Prinzipien
Richtlinien
Umsetzung
Spezifikationen
Konvergentes
Denken
Spezifikation

3.4 Designprozesse effektiv führen!

Der Designprozess ist ein effektives Mittel, Design inhaltlich zu führen: Indem er die drei Aspekte des Designs (Doing, Thinking, Being) als Prozessarbeit abbildet, setzt der Designprozess diese verschiedenen, zeitlich voneinander unabhängig erzeugten Aspekte miteinander in Verbindung. Der Designprozess wird so zum Rückgrat eines Unternehmens!

Nutzt ein Unternehmen die konvergierenden Bestandteile im Designprozess – also die Aktivitäten der Festlegung (define, basierend auf dem WER) und die der Umsetzung (deliver, basierend auf dem WIE) –, um den Prozess strategisch zu führen, dann werden aus generischen Problemlösungen spezifische, nämlich auf das Unternehmen und dessen Kunden zentrierte Lösungen. Nur so, indem ein Unternehmen diese Lösungen mit einer eindeutigen Identität versieht und einem eindeutigen Empfänger zuordnet, entstehen jene Angebote, die eine langfristige Beziehung zwischen Unternehmen und Kunden fördern.

Über das Design Being lassen sich aus gewonnen Erkenntnissen die sinnvollen herausfiltern (eben jene, die das Unternehmen »sinnvoll« für den Kunden umsetzen kann) und eine zweckvolle Gestaltung anhand von Designprinzipien steuern (sodass es ein eindeutiges und marktfähiges Angebot des Unternehmens wird). Mit diesen bewussten Maßnahmen kann ein Unternehmen sich eindeutig differenzieren und somit den Grundstein für seine Wettbewerbsfähigkeit legen.

Das Design Thinking umfasst die ersten Aktivitäten des Prozesses, indem es ein Kundenbedürfnis untersucht, erforscht, erfasst und letztendlich relevante Lösungsansätze konzipiert. Ohne Designführung bleibt Design Thinking allerdings bloß eine Ideenschmiede, die zwar viele Lösungsansätze für ebenso viele Unternehmen erzeugen kann, aber diese Lösungen nicht in eine Beziehung eines Unternehmens mit dessen Kunden setzt. Erst die Designführung macht aus Design Thinking eine wirklich »sinnvolle« Aktivität – vorausgesetzt, die Lösungsansätze sind zweckmäßig.

Gleiches gilt für die Ausgestaltung der so entstandenen Lösungen in handfeste Designspezifikationen. Design Doing ohne eine Führung anhand von sinnstiftenden Entscheidungen führt schnell zum »Styling« und wird somit zum Spielball von egozentrischen Designern, Produktmanagern und Marketern.

Ob der Designprozess bloß das Design Doing umfasst oder das Abbild einer umfassenden Unternehmensführung ist zeigt sich letztendlich an der Autorität seiner Ergebnisse: Wenn Designentscheidungen, wie im Kapitel der Designmaturität beschrieben, für alle im Unternehmen verbindlich sind und somit das Design selbst eine Autorität innehat, dann ist Design geführt. Der hier beschriebene Prozess verbindet so die Strategiearbeit, die mit dem Design Canvas entwickelt wurde, mit der Gestaltungsarbeit in der Produktentwicklung von Kundenerlebnissen. Erst mit der bewussten Verquickung dieser beiden Ebenen, der strategischen und der operativen, können Unternehmen ihre Designstrategie in eine umfassende und sinnvolle Umsetzung überführen.

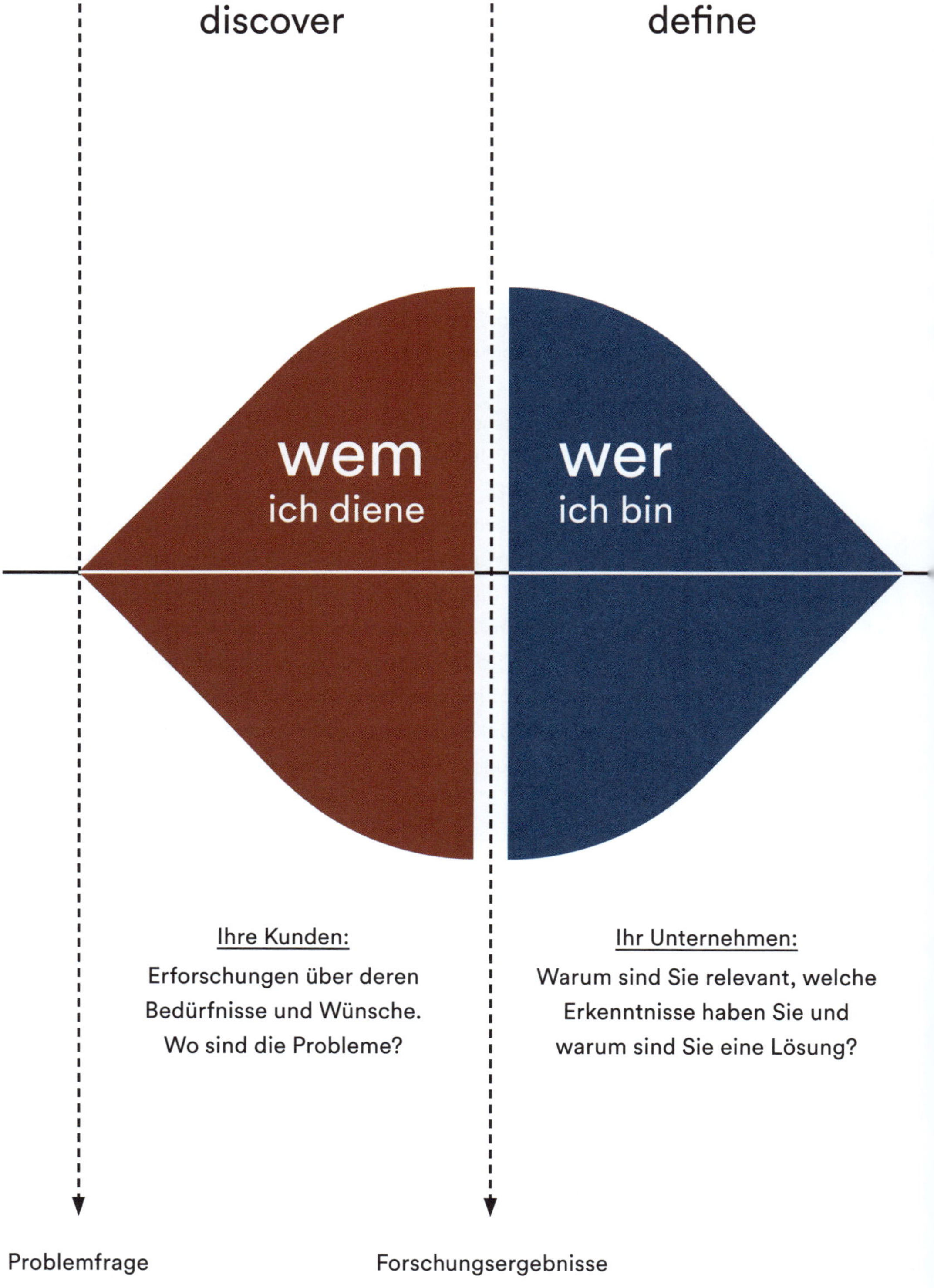
discover
define
wem
ich diene
wer
ich bin
Ihre Kunden:
Erforschungen über deren Bedürfnisse und Wünsche. Wo sind die Probleme?
Ihr Unternehmen:
Warum sind Sie relevant, welche Erkenntnisse haben Sie und warum sind Sie eine Lösung?
Problemfrage
Forschungsergebnisse

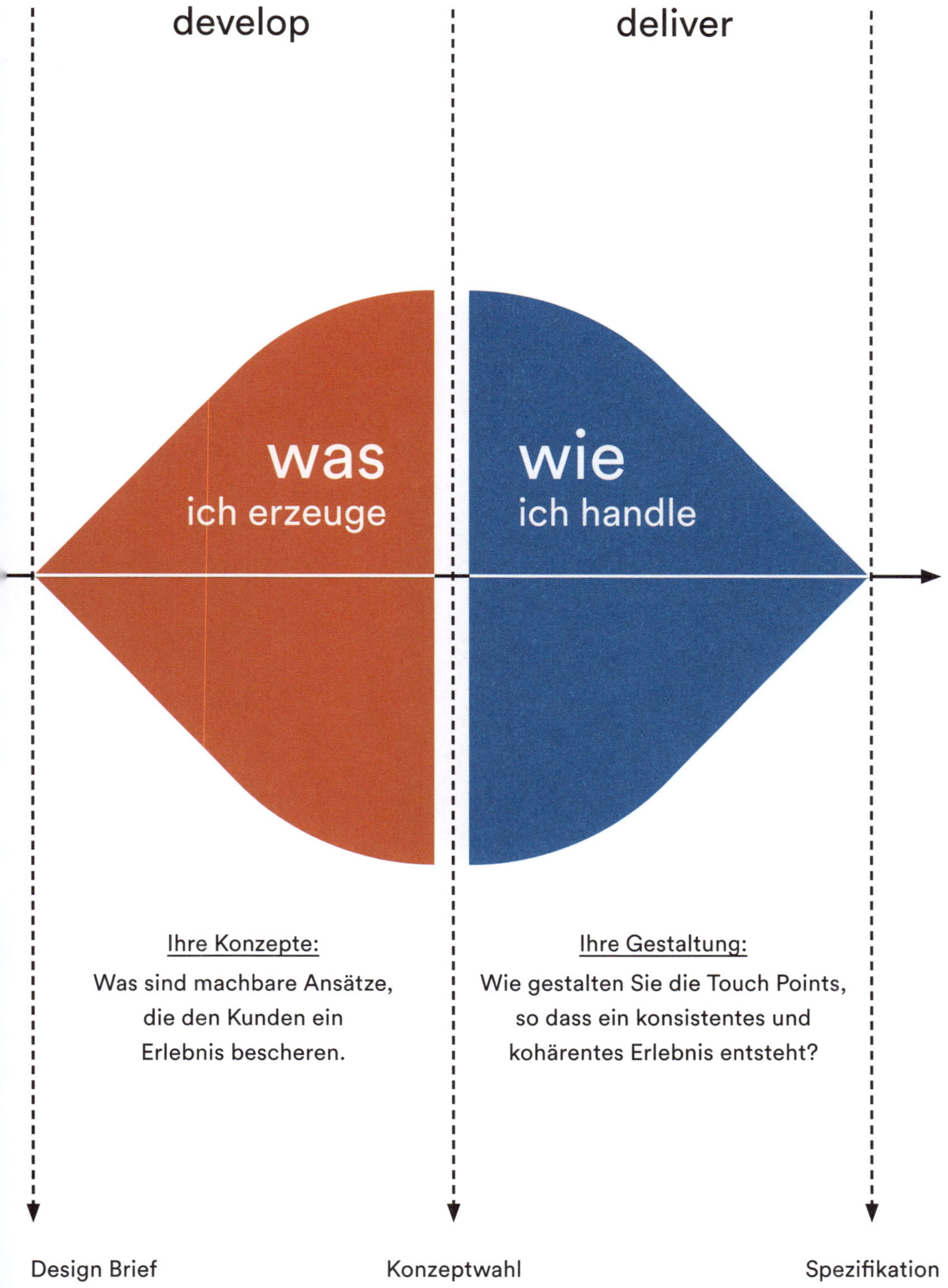
develop
deliver
was
ich erzeuge
wie
ich handle
Ihre Konzepte:
Was sind machbare Ansätze, die den Kunden ein Erlebnis bescheren.
Ihre Gestaltung:
Wie gestalten Sie die Touch Points, so dass ein konsistentes und kohärentes Erlebnis entsteht?
Design Brief
Konzeptwahl
Spezifikation

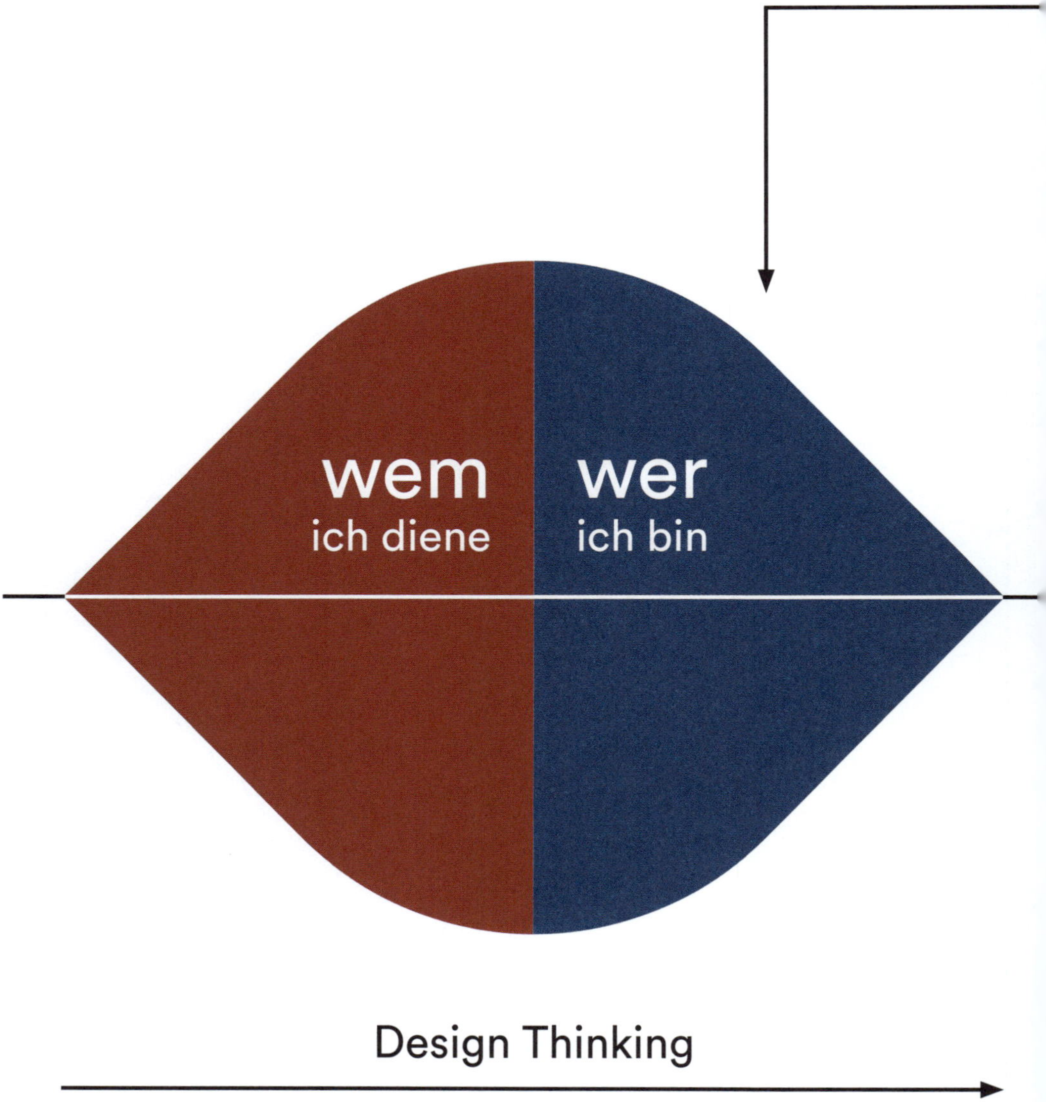
wem
ich diene
wer
ich bin
Design Thinking

Design Being

Hier wirkt sich Ihr Design Being aus!
Aus einem generischen Designprozess
wird so *Ihr* Designprozess!

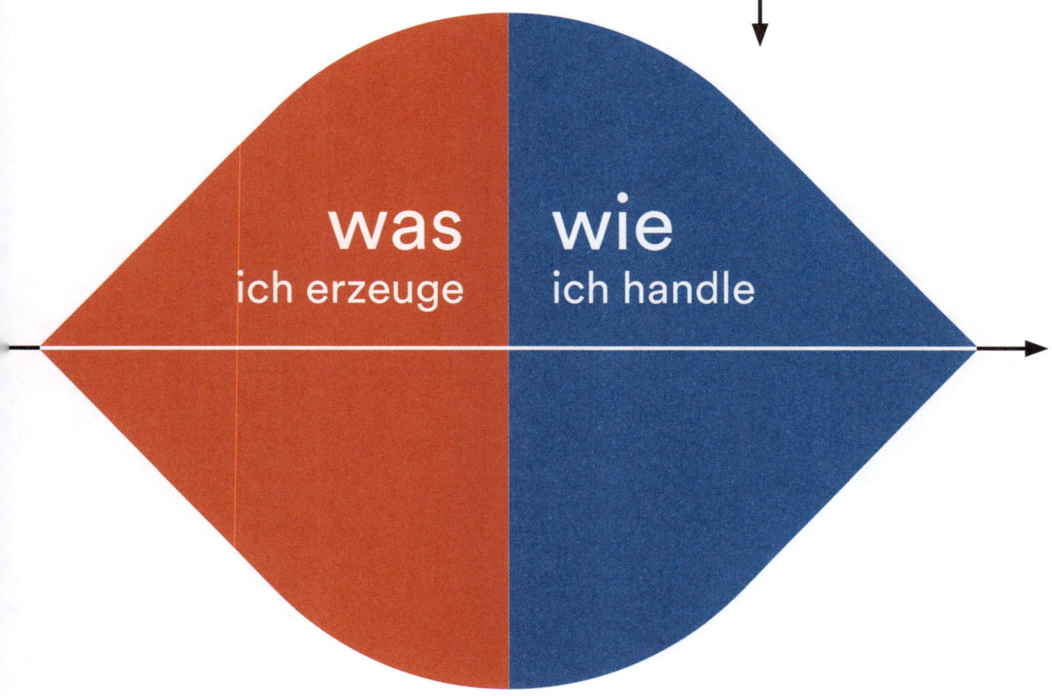

Design Doing

3.5 Effektive Designwerkzeuge

Jeder Prozess ist zweckorientiert: Er stellt sicher, dass ein Vorhaben, so wie es konzipiert wurde, auch umgesetzt wird. Für viele gilt daher die Auffassung, dass der Zweck die Mittel heiligt – ja, natürlich kann man mit einem Hammer auch Schrauben einklopfen... Jedoch ist man gut beraten, die Mittel, also das Werkzeug und die Ressourcen, so auszusuchen, dass sie den Prozess unterstützen und nicht umgekehrt.

Für Führungskräfte ist es unablässig, zu wissen, ob die Mittel zur Zweckerfüllung ausreichen werden. Ein Dirigent muss nicht alle Instrumente beherrschen, aber sehr wohl wissen, was sie können und wie man sie einsetzt. Wer Unternehmen zu stimmigen Kundenerlebnissen führen will, muss wissen, wie diese erzeugt werden!

Ein Designprozess braucht optimale Werkzeuge und Methoden, damit er das Ziel – nämlich die Entwicklung eines konsistenten und stimmigen Kundenerlebnisses auf Basis einer Designstrategie – erfüllen kann. Da der hier vorgeschlagene Designprozess mit dem Design Canvas verquickt ist, sind im Weiteren auch Werkzeuge und Methoden entsprechend den vier Segmenten aufgeführt. Die so entstandene »Toolbox« ist deshalb vor allem eine Struktur, die den Designprozess abbildet: Diese Struktur ordnet die Methoden und Werkzeuge, sodass sie in der Erarbeitung des Design Canvas optimal eingesetzt werden können. Um die Aspekte des Design Canvas zu erarbeiten, geht man am besten »Schritt für Schritt« vor: Zuerst erarbeitet man die Identität des Unternehmens (das WER und WIE), danach bestimmt man seine Zielkunden (das WEM) und zu guter Letzt beschreibt man das Kundenerlebnis (das WAS): Erst wenn man weiß, wer man ist – und eben wer/was nicht –, kann man jene bewussten Entscheidungen treffen, die den Designprozess sinnvoll in geeigneten Ergebnissen münden lässt!

3.6 Tools für das WER

Die Motivation eines Unternehmens, einer Organisation oder einer Marke steht am Anfang einer Kette von Aktivitäten, die letztendlich in einem Kundenerlebnis mündet. Nur indem man die Motivation beschreibt und auch fixiert, kann man für die Designführung eine verbindende Grundlage schaffen – das »Warum« eines Unternehmens sollte alle zum konzertierten Handeln führen, sodass einheitliche Kundenerlebnisse entstehen. Die Motivation eines Unternehmens lässt sich anhand einer Markenpersönlichkeit festlegen: Werte, Vorhaben, aber auch Abneigungen (die Motivation wird vor allem dann deutlich, wenn klar ist, was man nicht möchte!) dienen dabei als Ausgangslage. Die Markenpersönlichkeit umfasst somit die Persönlichkeit, die Werte und eine spezifische Motivation!

Die Persönlichkeit – Welche Persönlichkeit hat das Unternehmen und wie beeinflusst diese Persönlichkeit die Unternehmenskultur?
Die Werte – Wie sind die Unternehmenswerte verankert, gibt es Leitlinien und sind diese in allen Bereichen harmonisiert?
Die Motivation – Auf welcher Motivationsgrundlage agiert das Unternehmen, kommt diese von innen oder wird sie von außen getrieben?

Zielsetzung einer Auseinandersetzung mit dem WER ist die klare und eindeutige Beschreibung der Unternehmenspersönlichkeit: Denn über ein Persönlichkeitsprofil kann man Werte und Handlungsweisen des Unternehmens festlegen und diese so verständlich allen Mitarbeitenden vermitteln. Nur wenn die Persönlichkeit und Motivation eines Unternehmens von allen Beteiligten verstanden und gelebt wird, entsteht die Basis für einheitliches und konsistentes Design.

Ihre Identität ist die Ausgestaltung Ihres Design Being!

3.6.1 Persönlichkeit bestimmen

Jemand Bestimmtes zu sein ist die Grundlage für eine Beziehung mit Kunden: Kunden können mit einem »unpersönlichen« Unternehmen keine Beziehung aufbauen. Menschen brauchen Menschlichkeit für eine Beziehung. Viele Markenagenturen verwenden daher Modelle aus der Persönlichkeitsforschung (nach Carl Jung[20] zum Beispiel) um den Charakter oder Archetypus einer Marke zu beschreiben. Sie erzeugen so Persönlichkeitsbilder, die symptomatisch für die (menschlichen) Eigenschaften eines Unternehmens stehen und somit den Kunden ermöglichen, sich mit der Marke jenes Unternehmens zu identifizieren.

Oft sind es die Unternehmenden selbst, die mit ihrer Persönlichkeit den Archetypus der Marke stellen, jedoch verwässert dieser meist schon mit der zweiten Generation – dort hört man dann Stimmen, dass der Alte das so nie gemacht hätte. Manchmal sind die Unternehmenswerte so stark mit einer Inhaberfamilie verbunden, dass sie mit dem Unternehmen Jahrhunderte überdauern. Schleicht aber irgendwann der Aktionär ins Inhaberhaus und schwindet der persönliche Einfluss des ehemaligen Inhabers, dann entsteht zwangsläufig ein Markenmanagement. Oft ist das Markenmanagement entsprechend gut etabliert, die Verantwortlichen berichten in der Regel direkt an den Vorstand – und sie kennen die Aufregung um Anerkennung und Prozessqualität kaum, haben sie doch weitestgehend eine Richtlinienkompetenz!

Die Einführung einer Designführung wäre für viele Unternehmen gleichbedeutend mit einer Verschmelzung von Marken- und Designmanagement: Wie man auch vorgeht, bei einer solchen Zusammenführung ist es dringend geboten, dass die Leitung dieser neuen »Corporate-Design-Stelle« sowohl das Markenmanagement als auch das Designmanagement beherrscht.

Die meisten Unternehmen haben derweil ihre Markenpersönlichkeit ausführlich beschrieben und lenken damit die Markenkommunikation. Gut möglich, dass auch in Ihrem Unternehmen die Markenpersönlichkeit, versteckt in einem Brand-Manual, ein einsames Dasein fristet ... Ob vorhanden oder nicht, nur anhand einer hervorragenden Markenposition[21] kann man überhaupt ein Design Being erstellen:

Die Markenposition ist der Ausgangspunkt der Designstrategie. Die Designstrategie ohne Markenposition ist in Wahrheit eine Produktstrategie, die jedes Unternehmen umsetzen kann.

Ein probates Tool für die Erstellung einer Markenpersönlichkeit ist der Charakter-Kreis nach Mark und Pearson (siehe Grafik auf Seite 226). Es gibt viele Varianten zu diesem Modell, die allesamt nur wenig wissenschaftlich untermauert sind, aber für die Arbeit an der Festlegung der Charakteristik einer Marke sehr gut funktionieren. Zum Beispiel ist die Auswertung des Charakter-Kreises von Mark und Pearson zwar eine fundamentale Vorgehensweise, dessen Ausgang wird aber nicht jedem gefallen: Ergibt die Persönlichkeitsanalyse, dass man eindeutig als »Entdecker« unterwegs ist, dann werden sich die »Jedermänner« im Unternehmen umsehen müssen. Manch einer fand bei einer Positionierung heraus, dass er selber nicht zur Marke passt!

Die Identifikation mit einem Charakter ist nicht nur nach außen nötig, sondern muss vor allem nach innen gelebt werden. Wenn man auf der Grundlage einer Charakteristik die Persönlichkeit eines Unternehmens beschreibt – auch als Nicht-Markenmanager –, dann ist jeder schnell in der Lage, zu erkennen, was zu dieser Marke passt oder was eben gar nicht passt.

Viele Unternehmen beauftragen etablierte Markenagenturen für die Erarbeitung dieser Grundlagen. Diese Agenturen wenden dann profunde Modelle an und erzeugen Markenpositionierungen, die eine optimale Ausgangslage für die Entwicklung der Designstrategie sind. Manchmal liefern auch

Designagenturen diese Arbeit, indem sie quasi als Nebenprodukt zur Designarbeit die benötigte oder fehlende Markenposition erzeugen. So oder so, Design und Marke sind elementar miteinander verwoben!

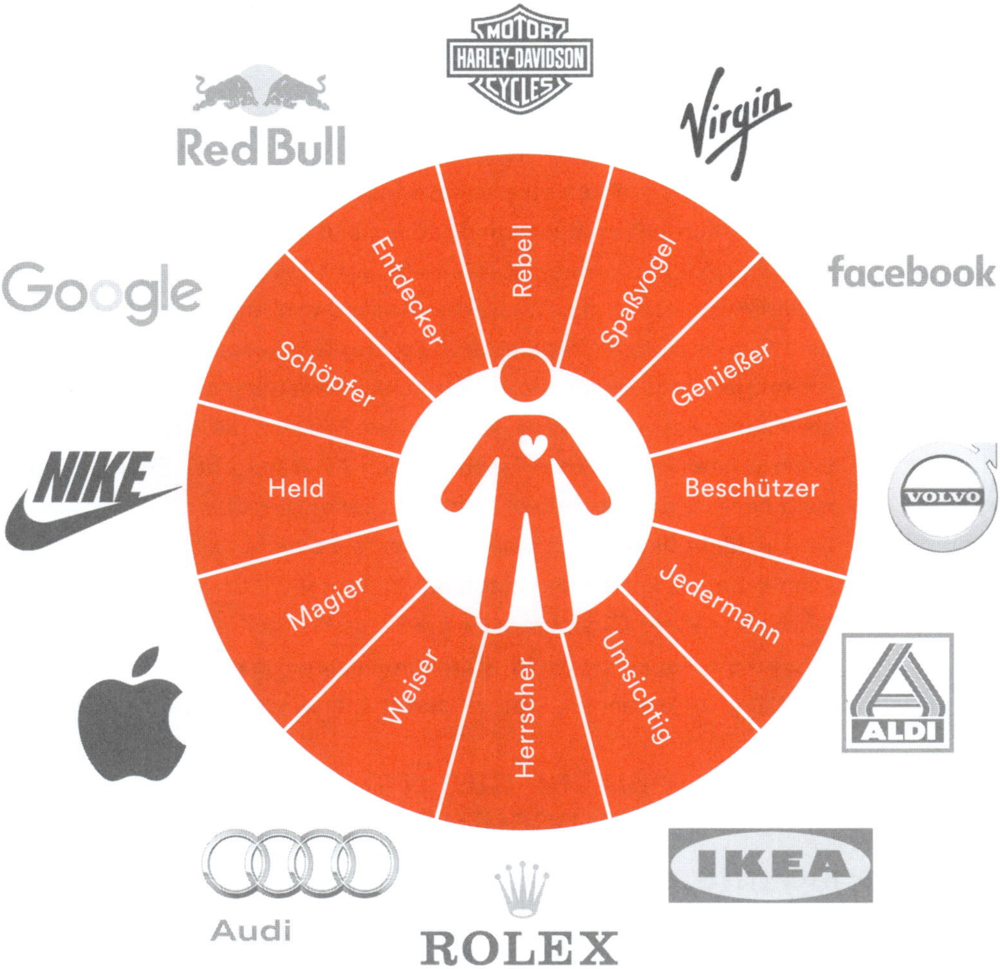

Festlegung der Markencharakteristik nach Mark & Pearson oder anhand von Markenpersönlichkeiten, wie von Aaker beschrieben. (s. Literaturliste)

3.6.2 Werte festlegen

Mit der Festlegung der Markenpersönlichkeit allein kann man noch kein Briefing für die Entwicklung von Produkten oder für die Gestaltung von Touch Points erstellen. Dafür braucht man mehr Details.

Da liegt es nahe, dass man, in Anlehnung an die Persönlichkeit, auch Werte und Vorhaben herleitet, die sowohl nach außen, zum Kunden hin, als auch nach innen, zu den Mitarbeitenden hin, klar vermitteln, wofür das Unternehmen steht und was es erreichen möchte. Je klarer diese Aussage ist, desto klarer wird der Zuspruch von Kunden und Mitarbeitenden ausfallen, vor allem wenn alles, was das Unternehmen macht, dem Folge leistet ...

Wenn die Markenpersönlichkeit zum Beispiel als offen und sozial definiert wurde (der »Genießer« im Charakter-Kreis), können viele Varianten einer Persönlichkeit daraus entstehen: Ausgehend von einem Archetyp können unterschiedliche Werte, Vorhaben oder Motivationen die Persönlichkeit formen – nicht jeder »Genießer« gleicht dem anderen.

Diese Varianten lassen sich gut anhand eines Wertegerüsts beschreiben. Auch hier zählt, dass sich das Unternehmen mit diesen Werten umfänglich identifiziert. Vor allem in Unternehmen, wo es keine »Persönlichkeit« in Form einer Inhaberin oder eines Inhabers gibt, ist diese Identifikation eine wichtige Grundlage für das Erstellen der Designstrategie.

Mein Tipp: Beschreiben Sie die Markenpersönlichkeit anhand von Grundwerten und Vorhaben, wie abgebildet. Das Gute: Sie können dies gleich für die Erstellung ihrer Zielkunden verwenden! Denn wer eine gute Beziehung pflegen möchte, sucht sich am besten jene Kunden aus, die ähnlich ticken wie man selbst: Ein »Genießer« kann vor allem andere »Genießer« mit seinen Angeboten ansprechen.

3.6.3 Motivation kennen

Wie können Sie nun überprüfen, ob die »Persönlichkeit« von allen im Unternehmen erkannt und auch tatsächlich anerkannt wird? Schließlich ist es für die konsistente Erlebnisaufführung elementar, dass alle richtig motiviert sind, diese Werte zu leben. Persönlichkeitsstörungen sind nur selten wirklich beziehungsfördernd! Strikte Kontrolle der Einhaltung ist hierbei eher störend, ebenso wie in der Kindererziehung oder in der Ehe – Kontrolle ist gut, Vertrauen ist besser!

In diesem Sinne veranstalten manche Unternehmen eigens dazu »Marken-Tage«, in denen die Mitarbeitenden animiert werden, die »eigene Persönlichkeit« zu verstehen und anzunehmen, ohne dass es dafür eine Kontrolle braucht. Viele nutzen ihre Branding-Maßnahmen, wie das Sponsoring oder den Einsatz von Markenrepräsentanten (bekannte Persönlichkeiten, deren Charakteristika und Werte man selbst auch gerne hätte), um damit auch die eigenen Mitarbeitenden anzusprechen. Die Identifikation mit dem gesponserten Verein oder mit dem/der Marken-Repräsentanten/in führt dazu, dass die Mitarbeitenden sich verstärkt mit der eigenen Marke identifizieren und entsprechend markenkonform aufstellen und verhalten werden.

Ob das funktioniert, kann man nur indirekt überprüfen: Entweder wartet man ab, wie die Kunden reagieren, oder man überprüft, wie sich die Mitarbeitenden mit ihrem Unternehmen und der Marke identifizieren, zum Beispiel über Mitarbeiterbefragungen. Da diese meist nur zurückspielen, was im Unternehmen besser gemacht werden kann, wie etwa das Verhalten des Chefs oder das Essen in der Kantine, muss man zusätzlich hinterfragen, ob die Mitarbeitenden sich auch zum Kernziel, den Kunden, bekennen.

Daher ist die Überprüfung mit einer Methode, wie der Customer Centricity Score[22], hier zielführender. Diese Methode misst die Kundenzentrierung aller Mitarbeitenden – und somit auch die des ganzen Unternehmens – und zeigt so auf, wie »motiviert« die Organisation als Ganzes ist. Denn es kommt nicht nur darauf an, dass Ihre Designstrategie gut ist, sondern wie gut sie von allen Mitarbeitenden gelebt wird!

CCScore-Messungen sagen viel über den Zustand des Unternehmens: Sind alle bei der Stange?

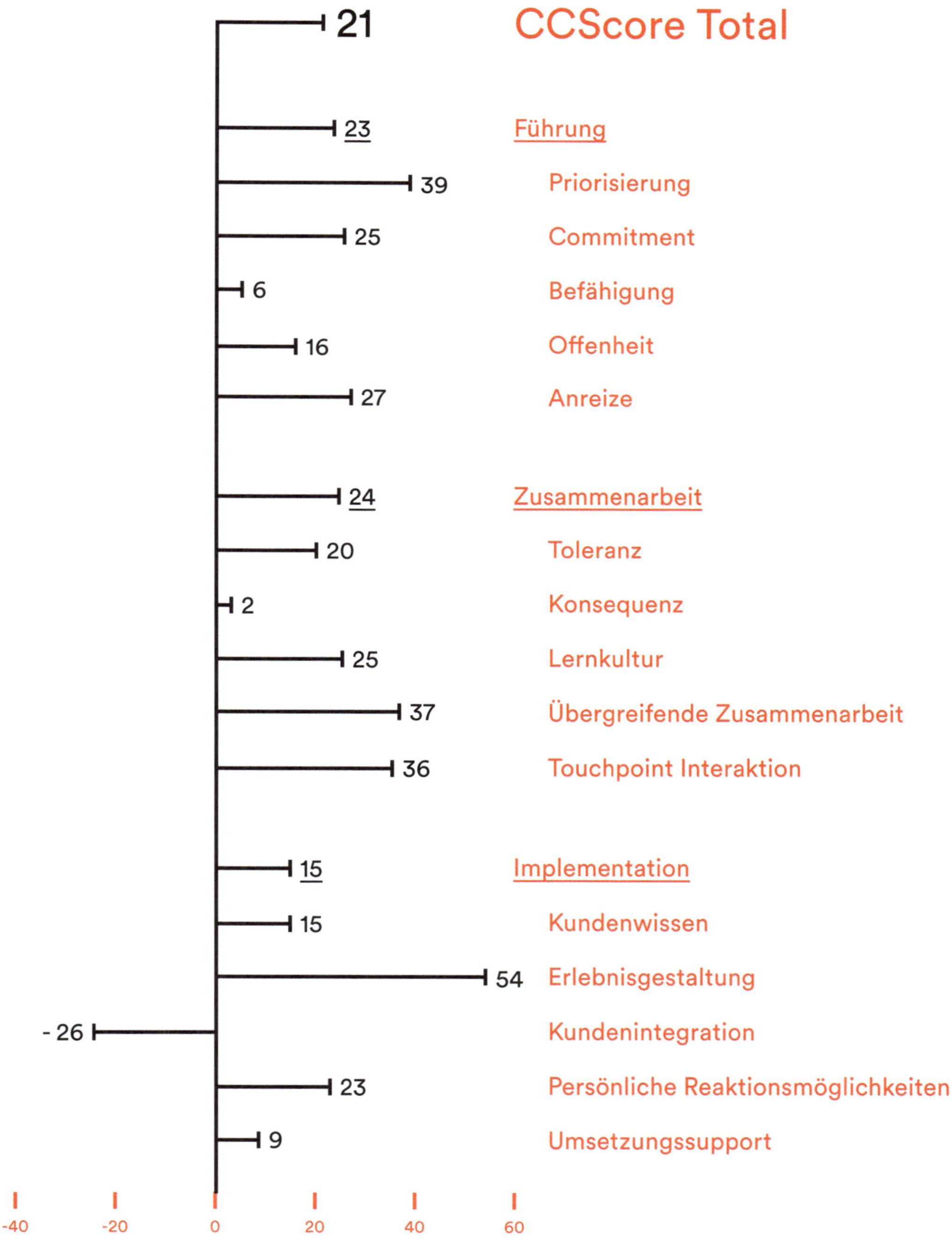

Einschätzung auf einer Skala von -100 bis 100
Quelle: Swisscom AG, 2016

3.7 Tools für das WIE

Steht die Persönlichkeit des Unternehmens fest und ist diese in einer Markenpersönlichkeit festgehalten, dann werden das Handeln und die äußere Erscheinung dieser Persönlichkeit zeigen, ob die Identität auch wirklich authentisch ist. Denn wenn die äußere Identität nicht zur inneren passt, entstehen jene Marken, die von Kunden, wie auch von Mitarbeitenden, als »unecht« wahrgenommen werden. Wer innerlich ein »Genießer« ist, sich aber äußerlich als »Held« zeigt, wird unweigerlich unter der Schizophrenie, die er darstellt, leiden: Irgendwann werden die Kunden erfahren, dass hinter der »Heldenfassade« ein ganz andersartiges Wesen haust – die Angebote werden nicht das liefern, was die Verpackung verspricht. Auch die Mitarbeitenden können die »Heldenmaske« nicht mit Überzeugung tragen, da die aufgeforderte »heldenhafte« Handlung nicht ihrem Wesen entspricht.

So entstehen jene Kundenerlebnisse, die an den vielen Kontaktpunkten nicht stimmig und konsequent umgesetzt sind, weil der vorhandene Identitätskonflikt zu unterschiedlichen Gestaltungs- und Handlungsinterpretationen führt.

Genau darum sollte die Gestaltung der Touch Points (und des gesamten Unternehmens) immer in Einklang mit den Unternehmenswerten entwickelt werden und sicherstellen, dass eine stimmige Identität entsteht. Nur wenn alle Gestaltungsaktivitäten bewusst orchestriert werden, können einheitliche Kundenerlebnisse entstehen. Um dies zu gewährleisten, braucht ein Unternehmen Corporate Design, Designprinzipien und Designmanagement.

Corporate Design – Hat die »Persönlichkeit« des Unternehmens eine eindeutige äußere Wirkung? Ist diese klar identifiziert, beschrieben und so festgelegt, dass sie die Designaktivitäten kreativ führt?
Designprinzipien – Sind die Unternehmenswerte in Gestaltungsprinzipien (Designprinzipien) überführt und sind diese die verbindende Grundlage aller Designarbeiten?
Designmanagement – Gibt es einen etablierten Prozess oder eine Funktion, die sicherstellt, dass Prinzipien und kreative Führung gleichförmig an den Touch Points umgesetzt werden?

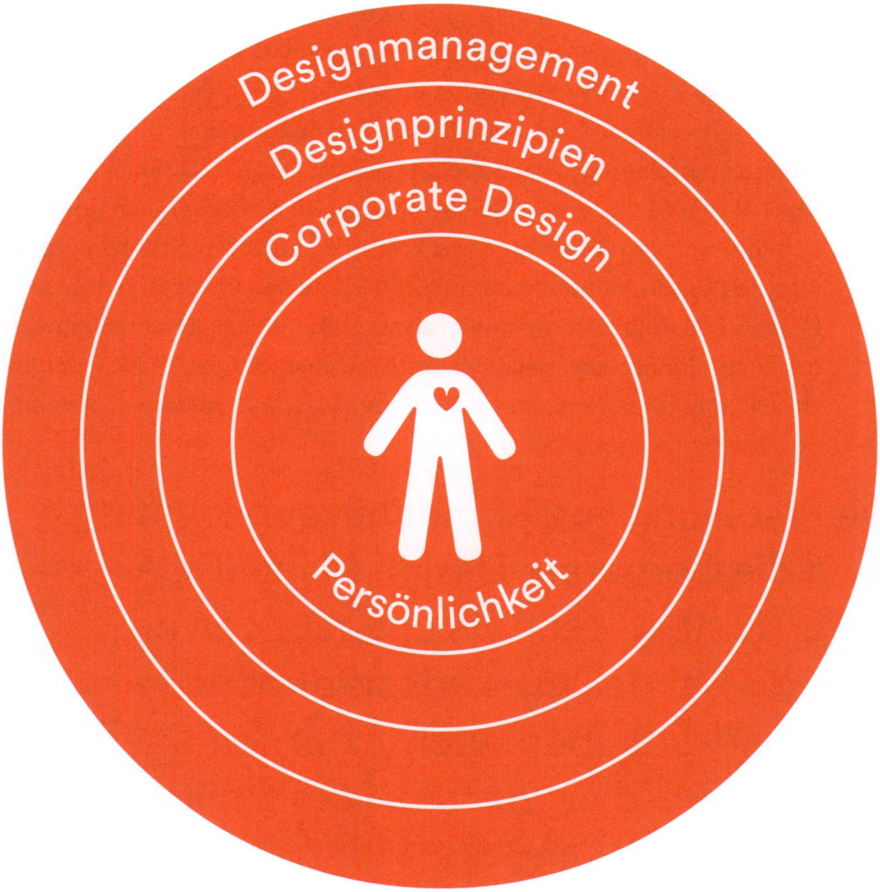
Designmanagement
Designprinzipien
Corporate Design
Persönlichkeit

3.7.1 Erscheinungsbild entwickeln

Die Arbeit der Markenentwickler mündet in der Regel in eine umfassende Corporate Identity oder in Corporate Design Manuals, in denen Markenaspekte beschrieben und für die verschiedenen markenbezogenen Aktivitäten, wie Kommunikation, Werbung und PR, aufbereitet werden. Dies sind dann in der Regel umfassende Richtlinien, die Attribute wie Farbe, Schriftsatz und Symbolik vorgeben und deren Anwendung vorschreiben. Wie man sich unschwer vorstellen kann, werden diese Manuals nicht von allen Kreativen wohlwollend aufgenommen, können sie doch ihre kreative Entfaltung einschränken. Nichtsdestotrotz ist die Arbeit mit solchen Richtlinien für die Erarbeitung einer Unternehmensidentität notwendig. Wenn die Corporate Design Manuals gut entwickelt sind und umfassend angewandt werden, können sie gewährleisten, dass ein identitätsförderndes Erscheinungsbild entsteht und so alles, was das Unternehmen nach außen trägt, einen eindeutigen Absender besitzt. Für viele Unternehmen ist das Führen eines Erscheinungsbildes der erste Schritt, das gesamte Unternehmen zu gestalten: Erfolgreich ist man damit aber nur, wenn die Grundlage, wie im vorherigen Kapitel beschrieben, geschaffen wurde.

Für die Erstellung von Kommunikationsmitteln sind die Corporate Design Manuals daher unverzichtbar, denn sie unterstützen die Mitarbeiter bei der markenkonformen Gestaltung und erlauben auch externen Designlieferanten, dies zu tun. Somit bilden die Design Manuals und Styleguides[23] quasi die Partitur für eine konzertante Unternehmensgestaltung.

Falls Sie sich noch nie mit diesem Thema der Designmanuals beschäftigt haben, dann schauen Sie doch mal in einige hinein:
Unter http://www.designtagebuch.de/wiki/corporate-design-manuals/ gibt es viele anschauliche Beispiele!

3.7.2 Designprinzipien festlegen

Die Arbeit der Produktentwickler und Industriedesigner konzentriert sich jedoch vorrangig auf das, WAS das Unternehmen anbietet: Die Kommunikation von Markenattributen steht hier in der Regel an zweiter Stelle. Die Corporate-Design-Handbücher mit ihren Vorgaben bezüglich einer Logoplatzierung oder Schriftsatzverwendung und entsprechendem Farbgebrauch sind keine wirkliche Hilfe für die Entwickler von Produkten und Angeboten: Sie brauchen zusätzliche Vorgaben oder Leitplanken, damit sie sicherstellen können, dass ihre Gestaltungsarbeit Teil einer übergeordneten Identität ist. Hierfür haben sich, als Erweiterung zu den Corporate Design Manuals, die Designprinzipien etabliert. Diese sind zwar keine exakten Spezifikationen –zum Beispiel die einer Logoplatzierung –, aber dennoch ausreichend »führend«.

Designprinzipien bewegen sich dabei von »gut gemeinten Ratschlägen« bis hin zu konkreten Richtlinien für die Entwicklung von zweckmäßigen Produkten und Interaktionen. Mit dem Erfolg von Apples Designsprache wurden zum Beispiel die »zehn Thesen zum guten Design« von Dieter Rams[24] wieder vielfach zitiert: Sie schienen wie für Apple geschrieben zu sein, waren aber einst als generelle Thesen konzipiert, die dann unter anderem in den Produkten der Firmen Braun und Vitsoe angewandt wurden. Designthesen oder Designphilosophien sind, je nach Schule und Hintergrund der involvierten Designer, die Reflexion einer Haltung, mit der Designer versuchen, ihre Gestaltungsarbeit inhaltlich zu lenken. Hierbei sind jene, die den Nutzer in den Mittelpunkt stellen, für viele Designer universell und werden dementsprechend an Designhochschulen mit einem Fokus auf industrielle Gestaltung als Grundwissen vermittelt. Das Autoren-Design, das den Designer als Schöpfer einer eigenständigen Designsprache in den Mittelpunkt stellt, geht anders vor: Die Designprinzipien dieser Gestalter und Gestalterinnen sind so unterschiedlich wie die Persönlichkeit ihrer »Schöpfer«.

Aus diesem Grund definieren viele Unternehmen erweiterte Styleguides, in denen sie die Richtlinien der Corporate Design Manuals um Designprinzipien erweitern, diese aber so beschreiben, dass sie zu einer eindeutigen, der Identität des Unternehmens fördernden Gestaltung führen. Zunehmend werden diese Prinzipien auch als Kundenerlebnis-Richtlinien (Customer Experience- oder CX-Guidelines) erstellt und bilden die Ausgangslage für jedwede Entwicklungsarbeit.

Gutes Design ist innovativ

Gutes Design macht ein Produkt brauchbar

Gutes Design ist ästhetisch

Gutes Design macht ein Produkt verständlich

Gutes Design ist ehrlich

Gutes Design ist unaufdringlich

Gutes Design ist langlebig

Gutes Design ist konsequent bis ins letzte Detail

Gutes Design ist umweltfreundlich

Gutes Design ist so wenig Design wie möglich

Die Thesen des Dieter Rams (aktualisiert 2002)

Die Erweiterung eines Corporate Design Manual mit unternehmensspezifischen Designprinzipien sorgt dafür, dass Designvorhaben zwingend in den Kontext der Unternehmenswerte und Ziele gestellt werden. Allgemeingültige Designprinzipien, wie zum Beispiel die von Dieter Rams, müssen sich den unternehmensspezifischen Designprinzipien unterordnen – ausblenden jedoch muss man diese nicht. Verbindet man die Gestaltung der Identität (des WER und WIE) mit den strategischen Zielen des Unternehmens, dann werden unternehmensspezifische Designprinzipien zu erfolgsrelevanten Kriterien!

Die Entwicklung von Designprinzipien sollte daher immer mit der Zielsetzung des Unternehmens beginnen, um danach, unter Berücksichtigung der Anforderungen aus dem avisierten Kundenerlebnis, die weiteren Richtlinien zu entwickeln.

- Zielsetzung: Welches sind die lang- und mittelfristigen Ziele, die das Unternehmen erreichen möchte?
- Anforderungen: Welches sind die daraus resultierenden Anforderungen an die Entwicklung von Kundenerlebnissen? Sind dies auch die Anforderungen, die Kunden an die Angebote stellen würden?
- Designprinzipien: Welches sind die Richtlinien, die dafür sorgen, dass die Ziele und Anforderungen in der Gestaltung erfüllt werden?

Die Beschreibung dieser Richtlinien kann eine ganze Datenbank füllen, aber auch auf ein DIN-A4-Blatt passen: Was letztendlich zielführend ist für das Unternehmen, hängt davon ab, ob die Richtlinie autorisiert und auch angewandt wird! Mein Tipp: Erweitern Sie Ihre Corporate Design Manuals um 20 Prozent, indem Sie auf den entsprechenden Seiten (ca. zwei bei einem Manual von 20 Seiten) die Ziele, Anforderungen und Prinzipien festhalten.

Die Designprinzipien (für Sandy):

Passt zu Dir

Unsere Lösungen passen zum Lifestyle unserer Kunden und nicht anders herum. Sie sind menschlich, anpassungsfähig und funktionieren möglichst überall.

Überlegt

Unsere Lösungen sind für den ständigen Gebrauch und werden auf Reisen und im täglichen Pendeln mitgenommen. Daher sind unsere Produkte wohl überlegt und praktisch im Gebrauch.

Reduziert

Unsere Kunden wollen die Essenz der Produkte und Dienste: Daher stehen wir »dienend« im Hintergrund und vermeiden Komplexität in der Gestaltung sowie unnötiges Zubehör.

Anpassungsfähig

Da unsere Kunden mobil sind, sind unsere Lösungen entsprechend gestaltet: Sie ermöglichen einen rauen Umgang, bieten aber auch schlaue Lösungen fürs Verstauen und Transportieren. Sie passen überall hin!

Einfach aber oho

Unsere Lösungen sind einfach im Gebrauch, aber überraschen mit Leistungsfähigkeit. Sie liefern maximale Performance bei kleinstem Platzbedarf. Die Gestaltsprache ist entsprechend niederkomplex und klein dimensioniert.

Bunt

Unser Lösungen bejahen das Leben und sind selbstbewusst! Ohne zu schreien, verwenden sie echte Farbigkeit und setzen so ein Zeichen für Lebensfreude und Phantasie. Sie tragen eine subtile Überraschung in sich.

3.7.3 Designaktivitäten managen

Die Erarbeitung einer CX-Richtlinie, die alle Designaktivitäten im Unternehmen anhand von Designprinzipien führt, ist – wie die Festlegung der Markenpersönlichkeit – eine fundamentale Angelegenheit. Idealerweise geschieht dies unter der Leitung einer Person, die es schafft, die verschiedenen Designer im Unternehmen an einen Tisch zu holen. Denn die Hoheit in der Gestaltungswelt ist umkämpft: Das Markenmanagement trifft sich nur ungern mit den Kollegen aus dem Produktdesign, Agenturen werden seltener involviert, da meist nur beauftragt …

Dabei ist es unabdingbar, in der Gestaltung eines konsistenten Kundenerlebnisses und bei einer breiten Streuung der Designarbeit im Unternehmen eine übergreifende, verbindliche Richtlinie zu fixieren: Das Risiko, dass ein Teil des Kundenerlebnisses die »Note« im Zusammenspiel nicht trifft, sollte man sich nicht leisten!

Die Aufgabe, diese Parteien zusammenzubringen und für sie verbindliche Designprinzipien zu markieren, übernimmt zusehends das Designmanagement. Diese aufkommende Funktion – die sich vor allem in kleineren Unternehmen bewährt, in jenen, die sich keine eigene In-House-Designabteilung leisten können – kann gewährleisten, dass Designprinzipien bei Entscheidungen im Designprozess angewandt werden und so das Design »gemanagt« ist.

Wenn man Designprinzipien aus der Identität des Unternehmens heraus entwickelt hat und diese konsequent im Designprozess anwendet, kann man die inhaltliche Führung der Designaktivitäten aktiv steuern. Dabei kann man unter Umständen vorgehen wie beim Militär, indem man alles strikt einem Regime unterzieht und Abweichungen sofort eliminiert: Es gibt Unternehmen, die dies so angehen und eigens dafür »Auditoren« einsetzen, welche die Einhaltung von Richtlinien und Prinzipien überprüfen.

Mit einer solchen Designpolizei ausgestattet, versucht das Unternehmen, die stimmige und konsistente Erlebnisgestaltung zu erzwingen. Dem Designmanagement kommt dann in der Regel die Aufgabe zu, als Designpolizei zu fungieren, meist in enger Zusammenarbeit mit dem Markenmanagement, das ähnliche Richtlinientreue in Bezug zum Corporate Design für die Kommunikation einfordert. Für manche Unternehmen ist eine solche Vorgehensweise richtig, vor allem dann, wenn sie arg differenziert und unübersichtlich sind und die Gefahr groß ist, dass die vielen Teilbereiche ihr »eigenes Ding« machen. Doch unter Zwang entstehen selten wirklich überzeugende effektive Erlebnisse, eher nur effiziente. Eine »Verordnungsmethode« ist daher selten sinnvoll, zielführend hingegen sind jene Prinzipien, die von den »Betroffenen« leicht verinnerlicht werden – erst dann sind die Designer und Mitarbeitenden wirklich geführt!

Gerade im sogenannten »Moment of Truth«, in jenen Momenten, wo der Kunde im direkten Kontakt zu einem Mitarbeiter erfährt, dass er persönlich ernst genommen wird (zum Beispiel wenn ein Mitarbeiter eigenmächtig eine Regelung zugunsten des Kunden lockert), stechen jene Unternehmen heraus, deren Mitarbeiter trotzdem Designprinzipien anwenden können. So werden aus den »Moments of Truth« auch »Momente des Unternehmens« und eben keine »Ausnahmen«. Wenn Mitarbeitende – innerlich motiviert – Designprinzipien »leben« und diese wie selbstverständlich anwenden, ist auch das Unternehmen designgeführt!

Das Designmanagement kann auch hier wichtige Hilfe leisten: Nicht nur als Prozessverwalter, sondern vor allem als Kulturgestalter, indem es bewusst Maßnahmen aufgreift und etabliert, die das (Selbst-)Verständnis der Mitarbeitenden in Bezug auf Designprinzipien und den Designprozess weiterentwickeln. Indem das Designmanagement regelmäßig das Verständnis hinterfragt und die Organisation entsprechend über (Weiter-)Bildung fördert, kann es dafür Sorge tragen, dass Designführung sich umfassend im Unternehmen entwickelt.

3.8 Tools für das WEM

Ohne Kunden kein Unternehmen; ohne relevante Angebote für Kunden kein nachhaltiges Geschäft! Daher weiß der Bäcker in Ihrer Stadt genau, wie Frau Müller die Brötchen gerne hätte – aber kennen Sie Ihren Kunden auch ganz genau?

Wie können Unternehmen, die in der Regel wenig direkten Kontakt mit ihren Kunden haben, diese Erfahrungen, die zum Beispiel ein guter Metzger hat, erlangen und so relevante Erkenntnisse gewinnen? Um solche reichhaltigen und entscheidenden Erkenntnisse zu gewinnen und für das Unternehmen umzusetzen, muss man seine Kunden und ihre Bedürfnisse genau kennen und deren Loyalität durch ein auf sie zugeschnittenes herausragendes Angebot fördern!

Den Zielkunden kennen – Hat man ein klares Profil »seines« Kunden gefunden und ist dieser eindeutig als »Persönlichkeit« festgelegt? Ist dieses Profil jedem im Unternehmen bekannt?
Die Bedürfnisse erkennen – Weiß man, was die Kunden wirklich benötigen? Was bedeuten die Erkenntnisse aus der Design-Ethnografie für die Entwicklung von Angeboten?
Die Loyalität fördern – Sind die Kunden loyal und gilt Gleiches für die Mitarbeitenden? Und wird dies auch überprüft?

Bei der Entwicklung von Angeboten liegt die Herausforderung für Unternehmen vor allem in der bewussten Kundenzentrierung: Ziel ist dabei, anhand eines (Kunden-)Profils die Werte und Wünsche der Kunden zu beschreiben und verständlich an Mitarbeitende zu kommunizieren, sodass diese stets kundenzentriert handeln. Denn nur wenn man die Persönlichkeit und Motivation seiner Kunden kennt, kann man für sie definierte und relevante Angebote schnüren. Nur wenn das Angebot auf den Kunden zentriert ist, wird es dessen Wünsche erfüllen können. Gestaltet man Erlebnisse für jedermann, endet man damit, niemandem einen Wunsch zu erfüllen!

3.8.1 Zielkunden kennen

Seine Kunden gut zu kennen ist für jeden Unternehmer überlebenswichtig: Trotzdem verwundert es, wie viele Unternehmen ins Stottern geraten, wenn man sie fragt, ob sie ihre Kunden gut kennen. Als Antwort ziehen sie umfassende Studien aus der Schublade und berichten dann von Zielgruppen, Marktsegmenten und Kundensegmentierungen. Oft sind es soziodemografische Daten[25] über Menschen, die so real nicht existieren, sich aber prima verwalten lassen! Aus diesem segmentierenden (rationalen) Denken entstehen dann Kundengruppen, die man »Classics« oder etwa »Innovator« nennt, die, mit 1,3 Kindern und 35000 Euro Jahresgehalt, vor allem bei Aldi einkaufen und nur Heavy-Metal hören.

Machen Sie sich nichts vor, solche Kunden entstehen in einer Tabellenkalkulation: Nett für tabellenhörige Manager, aber eher nutzlos, wenn man wirklich relevante Kundenerlebnisse entwickeln will. Dafür braucht es mehr Substanz und Tiefe; entsprechend mehr Einsatz ist nötig – man kann zum Beispiel eine Persona-Familie erstellen oder, ausgehend von der eigenen Markenpersönlichkeit, eine Kundenpersönlichkeit festlegen.

Die Annahme, dass Kunden ähnlich ticken wie das Unternehmen, wo sie bevorzugt einkaufen, ist gar nicht abwegig – wie schon ausführlich beschrieben. Machen Sie es sich doch einfach und drehen Sie Ihre Markenpersönlichkeit um – und verwenden Sie sie für die Kunden-Persona! Dabei geht man ähnlich vor wie bei der Entwicklung seiner Markenposition (man kann zum Beispiel die gleichen Tools verwenden), aber man projiziert die so entstandene Persönlichkeit auf den Markt, den man bedienen möchte. Geht man dabei realistisch vor, so wird bald deutlich, dass man nicht jeden Kunden bedienen und glücklich machen kann – und genau das möchte man ja auch nicht, man möchte seinen Kunden beglücken!

Effektiv kann die Suche nach dem Zielkunden vor allem im eigenen Unternehmen beginnen: Wer in den Spiegel blickt und sich fragt, ob er seine eigenen Angebote selbst auch nutzen und weiterempfehlen würde, der kann die Problematik deutlich erkennen. Denn wenn keine Beziehung vorhanden ist, kann auch keine Loyalität entstehen – und dann wechseln Kunden und Mitarbeitende zum Mitbewerber.

Damit das ganze Unternehmen versteht, für wen es überhaupt arbeitet, kann man – wie in der Geschichte von Sandy dargestellt – eine Persona festlegen und diese im Unternehmen und bei den Mitarbeitenden etablieren. Dafür entwickelt man am besten eine »Persona Tribe« (quasi eine Familie mit verschiedenen Personen, Geschlechtern, unterschiedlichem Alter und Einkommen etc.), sodass die Charakteristik des Zielkunden in viele Segmentierungen eingeht. Hierfür kann man sogar die althergebrachte Marktsegmentierung der Marketingkollegen nutzen und diese quasi über die Persona-Familie legen – so werden die eher »trockenen« Marktsegmente zu »Fleisch und Blut«.

Dass Sandy dann auch als Max Mustermann, Lieschen Müller oder Peter, Paul und Mary existieren kann, erlaubt eine Differenzierung der Erlebnisgestaltung in Bezug auf verschiedenste Kundenanforderungen – im »Innern«, sprich charakterlich, sind aber alle diese Personen wie »Sandy« und damit für das Unternehmen zu Zielkunden geworden! So gewährleisten Sie, dass alle Involvierten sich auf jene Kunden konzentrieren, die das Unternehmen ansprechen möchte. Im Umkehrschluss stellen Sie sicher, dass die Kunden sich auch auf Ihr Unternehmen konzentrieren und somit eine motivierte und loyale Beziehung aufbauen.

Bruno

Bruno ist auf jeder Party gern gesehen: Er bringt die Truppe zum Lachen und ist immer gut drauf. Ok, manchmal vergisst er sich, aber jeder weiß, dass man sich auf ihn verlassen kann. Er mag die Dinge gern einfach und geradeheraus, mit Zynikern kann er so gar nichts anfangen. Er liebt großes Kino und hat eine fette Anlage daheim.

Sandy

Ihre Facebook-Freunde warten immer auf ihre neuen Posts – sie unterhält alle mit ihren Berichten von Reisen und kulinarischen Tipps. Aber auch ihre Sorge um den Zustand der Massentierhaltung wird geteilt.
Sie hat jetzt schon über 3000 Follower und hat sich daher vorgenommen, etwas kritischer zu sein...

Paul

Paul liebt seinen neuen PC! Er hat ihn mit Arbeit im Altenheim zusammengespart. Obwohl er noch zur Schule geht, weiß er schon jetzt, dass er mit seinen Freunden auf Reisen geht, sobald das vorbei ist. Er liebt die online-Spiele, die er mit seinen Kumpels spielt. Aber eigentlich ist er wegen ihnen dabei.

Sabine

Seit sie nicht mehr so gut gehen kann (die Hüfte macht nicht mehr mit), genießt sie das Kochen daheim. Gerne lädt sie ihre vielen Freunde ein, die allzugerne kommen, denn Sabine ist eine leidenschaftliche Köchin! Sie probiert gerne Neues aus, so lange es nicht zu aufwändig ist.

3.8.2 Bedürfnisse erkennen

Manche Marktforscher und Marketer sehen die Persona nicht gerne, denn diese ist meist »konstruiert« und keine »wirkliche« Person. Vielfach ist die Persona-Definition nicht quantitativ belegt, sondern basiert nur auf qualitativen Daten. Kritiker weisen zu Recht darauf hin und suchen nach »echten« Personen, die sie dann ausführlich beschreiben – das kann sehr aufwendig werden...

Es geht auch pragmatischer: Da die Markenpersönlichkeit selbst in der Regel auch »konstruiert« ist (es sei denn, eine existierende Unternehmenspersönlichkeit steht Pate), kann man ihr getrost ebenfalls »konstruierte« Kunden gegenüberstellen. Es geht letztendlich um die Gestaltung einer Beziehung zwischen Wertvorstellungen. Ist diese Beziehung sinnvoll und nachvollziehbar, werden andere »echte« Kunden mit gleichen Werten und Wünschen dazu animiert, sich mit dem Unternehmen und der Marke einzulassen. Wichtig ist, zu überprüfen – und das geht sowohl qualitativ als auch quantitativ –, dass diese Werte »echte« Werte und Wünsche sind und nicht Hirngespinste eines Entwicklers oder Designers.

Daher ist eine der Kernaufgaben von Unternehmen, die wirklich relevanten Wünsche von Kunden zu erkennen – und eben nicht, ihnen eigens konstruierte Wünsche zu unterstellen: Kunden erkennen zunehmend, ob sie zum Konsumieren verführt werden und ob das versprochene Angebot »ihnen etwas vormacht«. Viele Unternehmen jedoch nutzen ihre Möglichkeiten derart aus und schüren neue Wünsche, statt die bisher noch nicht erfüllten zu adressieren. Ein kleiner, aber feiner Unterschied, der sich in einer nachhaltigen Beziehung zwischen Kunden und Unternehmen niederschlägt!

Noch nicht erfüllte Wünsche zu erkennen ist die hohe Kunst der Antizipation oder Empathie und eine Kernaufgabe des guten Designs. Die im Designprozess beschriebene Recherchearbeit, die jedem Designkonzept vorangestellt wird, stützt sich auf die Methoden der Designethnografie. Diese beschreibende Beobachtung ist als zielgerichteter und »verkürzter« Ableger der sozialwissenschaftlichen Ethnografie entstanden. Mit diesem Vorgehen macht der Designprozess einen bewussten Schritt weg von der meist deduktiven Markforschung, die auf der Basis von statistischen Daten und deren Analyse in statistischen Marksegmenten mündet. So werden durch die Kombination verschiedener Methoden (wie etwa die Beobachtung und Befragung) Erkenntnisse von dem, was

Kunden wirklich wünschen, gewonnen. Indem Designer sich aufmachen, »Lieschen Müller« zu Hause besuchen und – ohne Einfluss zu nehmen – in ihrem Lebenskontext beobachten, können die Designer antizipieren, was Kunden wirklich brauchen. Manche Designer nutzen die Resultate aus sogenannten »Cultural Probes«, die neue Erkenntnisse ermöglichen. Anhand der Ergebnisse dieser »Probes« (Proben) – Fotos oder Tonaufnahmen, die Probanden erstellen, um so ihren Alltag zu dokumentieren – lassen sich Einblicke in Lebensbereiche von Kunden gewinnen, die dem klassischen »Marktforschenden« in dieser Qualität verborgen bleiben.

Wer so das Design führt, etabliert die Designethnografie bewusst und verwechselt diese nicht mit der althergebrachten Marktforschung. Steve Jobs sagte bereits 1998 in einem Interview in der Business Week: »Meistens wissen Menschen nicht, was sie brauchen, bis man es ihnen zeigt!« Damit Unternehmen es ihnen zeigen können, müssen sie aber zuerst selbst wissen, was Menschen brauchen!

3.8.3 Loyalität fördern

Wie können Sie nun überprüfen, ob Sie die passenden Kunden richtig ansprechen und somit eine Beziehung aufbauen können? Viele Unternehmen fragen Kunden, zum Beispiel nach einer Interaktion, ob diese zufrieden sind – jeder kennt die Fragebögen, die einem zugestellt werden, sobald man etwas erworben oder gebucht hat.

Wenn ein Unternehmen dabei nach dem, was vergangen ist, fragt, erfährt es selten Neues, das zu einer Verbesserung beitragen kann. Im besten Fall sind es Hinweise auf (kleine) Patzer, die aber dann schon passiert sind. Im schlimmsten Fall kommt jemand, obwohl er zufrieden war, trotzdem nicht wieder, weil er woanders ein besseres Angebot gefunden hat …

So oder so ist Kundenzufriedenheit ein nachgelagerter Indikator und daher für Designer und Entwickler nicht wirklich zu gebrauchen – sie brauchen einen vorausschauenden Indikator!

Der Zuspruch von Kunden ist eine Quelle der Erkenntnis für Designer: Mit ihr können sie Entwicklungen justieren und Designstrategien festlegen. Die »Meinung der Kunden« (oder Voice of the Customer[26]) ist auch Kernelement einer Methode, die für Designer sehr wertvolle Erkenntnisse liefern kann: der NPS oder Net Promoter Score®. Diese Methode der Reflexion zeigt die Motivation von Kunden auf, basierend auf einer Kundenaussage zur Weiterempfehlung. »Würden Sie dieses Unternehmen Ihrem besten Freund weiterempfehlen?«, lautet dann die banale Frage – die es aber in sich hat: Wer hier negativ antwortet, der empfiehlt nicht weiter – nein, er macht sogar alles madig.

Design schaut in die Zukunft und will das gestalten, was werden soll. Daher ist es ratsam, auch bei Fragen der Kundenbeziehung in die Zukunft zu schauen und die richtige Frage zu stellen! Eine positive Antwort auf die Frage »War das gut?« ist weit weniger aussagekräftig als auf die Frage »Wirst du morgen wiederkommen?«!

Für eine gute Designarbeit ist es also elementar wichtig, dass eine direkte Rückkopplung vom Kunden zum Entwicklerteam besteht. Designer müssen für die Kunden da sein, nicht für den nächsten Design-Award, und eine effektive Methode, hier das richtige Mindset zu etablieren, ist, die Designer in die Auswertung der NPS-Befragungen miteinzubeziehen. Manche Unternehmen gehen dazu über, eine Steigerung der Loyalitätswerte als Zielgröße für den Erfolg von Designaktivitäten festzulegen. So lässt sich nach bewährter Manier der Effekt des Designs »bewerten«. Wenn Sie dies auch machen wollen, dann sollten Sie dem Design die Hoheit zugestehen, alles, was der Kundenloyalität abträglich ist, per Veto aus dem Fenster zu werfen!

»Wie wahrscheinlich ist es, dass Sie uns einem Freund oder Kollegen weiterempfehlen werden?«

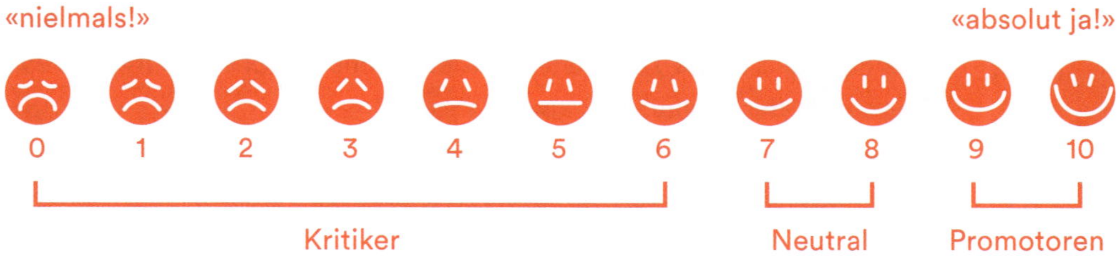

So interessant und einleuchtend der NPS ist, lassen Sie sich nicht täuschen – die Frage kommt eigentlich zum falschen Zeitpunkt. Wenn man sie stellt ist es schon zu spät! (... und Sie sind schon auf Seite 247!)

3.9 Tools für das WAS

Seine Kunden zu kennen und selbst eine klare und angesehene Identität zu besitzen ist die Grundlage für ein gutes Geschäft – es sei denn, man hat kein Angebot, mit dem man es tätigen kann. Marke und Kunden hin oder her, ohne Produkte oder Dienstleistungen, die von Kunden begehrt und auch erworben werden, kann der Rubel nicht rollen. Und sogar wenn man seine Dienstleistung ehrenamtlich anbietet, sollte es schon etwas zweckgebunden sein und ein relevantes Erlebnis dabei entstehen, will das Amt zu Ehren gelangen.

Was immer man anbietet, es hat nur dann Erfolg, wenn es von Herzen kommt und dabei den Menschen einen Dienst erweist. Und nur wenn das Erlebnis zur Persönlichkeit des Unternehmens passt und einem Kundenwunsch wirklich entspricht, wird es als relevant wahrgenommen.

Um dies zu erreichen muss man:

Relevantes entwickeln – Kann man das entwickeln, was Kunden wirklich brauchen? Hat man Design Thinking etabliert?
Differenzieren – Passen die Leistungsversprechen zur Persönlichkeit des Unternehmens? Sind sie in sich konsistent und dabei eindeutig gegenüber denen der Konkurrenz abzugrenzen?
Erlebnisse erzeugen – Sind die Angebote des Unternehmens als Kundenerlebnis konzipiert? Und: Sind diese Erlebnisse stimmig?

3.9.1 Angebote entwickeln

Die Entwicklung von Angeboten richtet sich auf die Erfüllung von Kundenwünschen, von jenen, die geläufig sind und daher als Konsumgut betrachtet werden, bis hin zu jenen, die noch, vom Kunden selbst unentdeckt, schlummern und darauf warten, von designdenkenden Entwicklern »wach geküsst« zu werden. Hierzu braucht es eine erkenntnisgetriebene Innovation, die bestehende Technologien mit neuen Lösungen in einer neuen Art kombiniert und somit für Kunden wirklich Relevantes erzeugt. Die Methode des Design Thinking ist hier unabkömmlich, erlaubt sie doch den Entwicklern und Gestaltern den üblichen Fokus auf technologische Vorgehensweisen zu durchbrechen und die Kreativität und den Menschen in den Mittelpunkt zu stellen.

Der Ansatz des Design Thinking geht davon aus, dass Probleme besser gelöst werden können, wenn Menschen aus unterschiedlichen Disziplinen zusammen eine Fragestellung angehen. Indem die menschlichen Bedürfnisse und Motivationen durch eine Persona artikuliert werden, können Prototypen entwickelt werden, die iterativ und agil auf ihre Machbarkeit hin getestet werden.

Im Kern ist diese Vorgehensweise eingehend im Designprozess beschrieben, wobei eine Schwierigkeit vor allem im ersten »Diamond« des Designprozesses besteht: Wenn nach der Recherche, ausgehend von einer Fragestellung, viele Ideen entstanden sind, gilt es, mit einem konvergierenden Denken die wirklich relevanten Ideen herauszupicken. Dies erfordert eine energische Steuerung des Prozesses, denn was ins »Töpfchen oder ins Kröpfchen« gehört, bewertet jeder Teilnehmer im Prozess anders. Diese Prozessphase wird auch als »Groan Zone« (Knirschzone) beschrieben, in der die Beteiligten sich untereinander aufreiben, weil sie sich nicht einigen können: Aber es muss eine Konvergenz entstehen, damit der richtige Lösungsansatz gefunden wird. Was dann leider viel zu oft passiert, ist, dass der Lauteste »gewinnt«.

An dieser Stelle wirkt sich das Design Being positiv aus, das, mit Designprinzipien und dem Kunden im Sinn, in der Groan Zone für Orientierung sorgt und die Entscheidung für das richtige, relevante Konzept erzwingt. Wer Design Thinking ohne orientierende Prinzipien (wie die hier aufgeführten Designprinzipien für Sandy) und Kundenanforderungen betreibt, der wird sich in der Groan Zone jämmerlich aufreiben.

Der Einsatz von Design-Thinking-Methoden zur Entwicklung von Lösungen bedingt eine klare Führung, die aus den vielen Optionen das Relevante erzwingt. Für manche Kreative ist dies ein echter »Show-stopper«, denn es gilt, nicht die scheinbar kreativste Lösung zu erarbeiten, sondern jene, die den Anforderungen des Kunden genügen wird. Kunden brauchen Lösungen, die für sie gemacht sind!

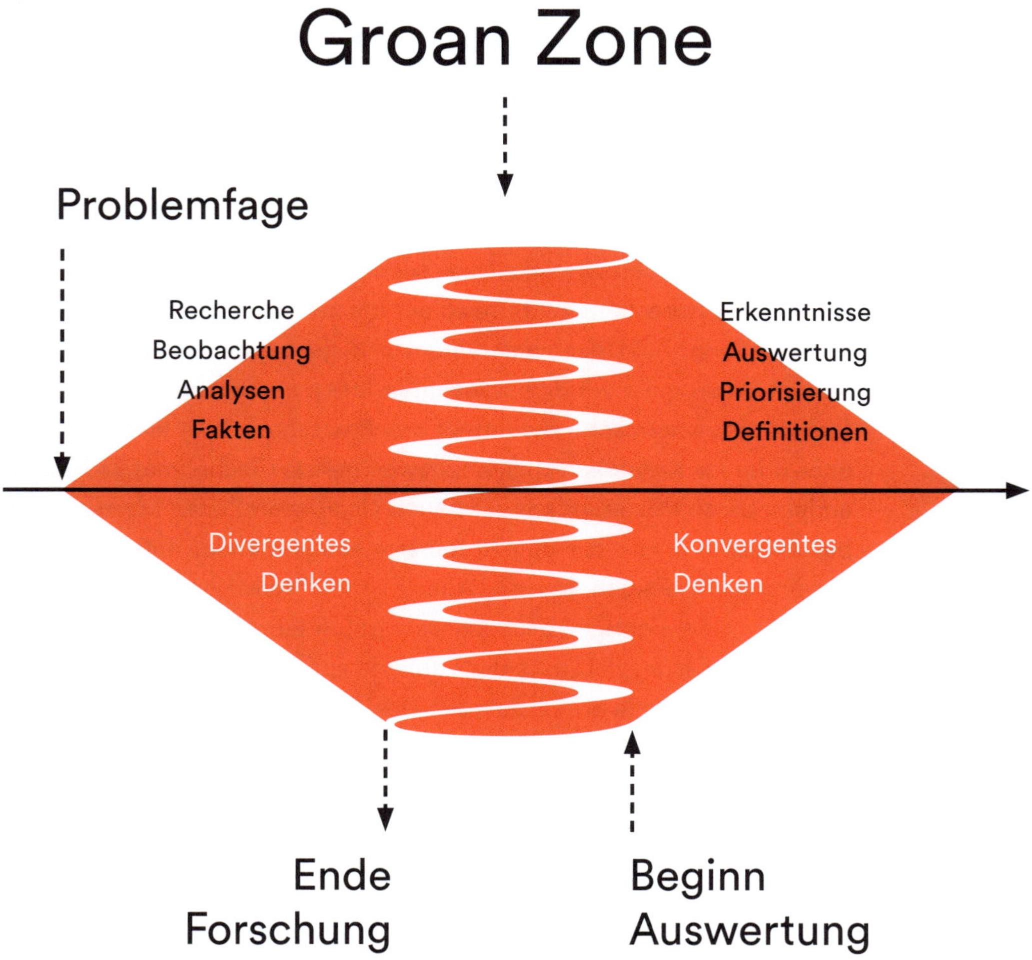

3.9.2 Richtig differenzieren

Für Kunden wirklich relevante Lösungen zu konzipieren ist die eine Seite der Medaille, die andere ist, diese Lösungen im Markt so zu platzieren, dass sie dort erkannt und auch anerkannt werden. Die Herausforderung, die Produkte für Sandy richtig zu platzieren, spricht da Bände: Auch wenn man das Richtige für seinen Kunden gefunden und entwickelt hat, so müssen die Kunden diese Lösung im Markt auch wiederfinden können!

Vor allem ist für neue Anbieter mit wenig etabliertem Corporate Design und geringer Markenbekanntheit die Markthürde groß. Jedoch sind die Zeiten, dass der Marktzugang für viele Unternehmen die Größte aller Hürden darstellte, lange vorbei. Was für viele etablierte Händler den Untergang bedeutet, ist für viele neue, agile und andersdenkende Anbieter ein Segen: das Internet! Dank des Internets werden Vertriebswege sowohl für die Anbieter als auch für die Kunden offener; immer schneller findet das Produkt seinen Abnehmer.

Nichtsdestotrotz gilt es immer noch, oder jetzt erst recht, dass man sich zwischen vielen Angeboten platzieren und aus der Masse herausstechen muss.

Den Markt, indem man sich tummeln möchte, gut zu erfassen und zu katalogisieren, hilft nicht nur dem Marketer bei der Beschreibung der Leistungsversprechen, auch Designer können so herausfinden, welche Sprachen der Markt spricht und wo man seine eigenen Nuancen setzen kann. Gerade dort, wo sich schon viele andere tummeln, ist der Markt offensichtlich attraktiv, aber umso schwerer ist es, dort einen Platz zu finden und erkannt zu werden. Ein viel genutztes Tool ist das »Mapping«, das erlaubt, eine Landkarte des Marktes mit den konkurrierenden Angeboten zu erstellen und seine eigene Position darin festzulegen.

Strukturiertes »Mapping« hilft Entscheidern, den Involvierten (Marketer, Produktmanager, Designer etc.) klarzumachen, dass eine persönliche Präferenz im Design sich der gewählten Designstrategie unterordnen muss, will man sich bewusst über das Design differenzieren. Das »Visual Mapping« von Designsprachen ist eine visuelle Form des Benchmarkings, eines Vergleichs, und erlaubt, die visuelle Gestaltung aus der Ecke des persönlichen Geschmacks ins Zentrum strategischer Entscheidungen zu überführen!

Gerade in Organisationen, die unter Silo-Strukturen leiden, hilft das »Visual Mapping«, die eigene Designsprache anschaulich und im Vergleich zu Mitbewerbern zu kommunizieren. Über diese Mappings können Designer die inhaltliche Strategie ihrer Gestaltungsarbeit unternehmensweit mitteilen und so dafür sorgen, dass alle Involvierten nachvollziehen, *wie* sich das Unternehmen nach außen präsentiert.

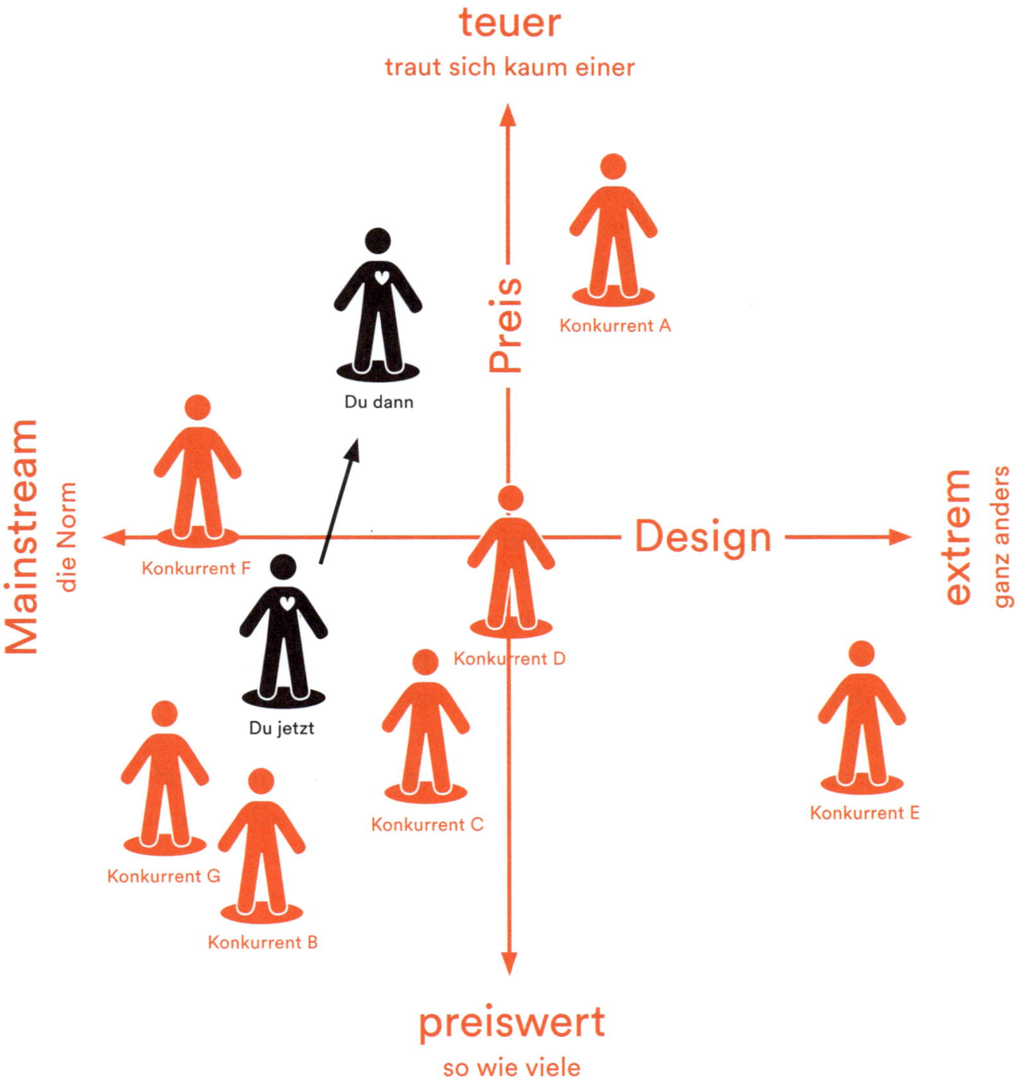

Mit Tools wie der des Visual Mapping lassen sich Marktpräferenzen, Konkurrenzstrategien oder Trends abbilden. Ob diese Mapping wissenschaftlich korrekt sind ist sekundär: Es geht darum, seinen Standpunkt sichtbar zu machen!

3.9.3 Stimmige Erlebnisse erzeugen

Sogar wenn Ihr Unternehmen nur eine Computermaus vertreibt, so erzeugen Sie ein lukratives Geschäft nur dann, wenn Sie dieses als Erlebnis anbieten: Die Art und Weise, wie alle Berührungspunkte zum Kunden zusammenspielen und zu einem Ganzen verschmelzen, ist dabei die Herausforderung, wie dies zum Beispiel Sandys Kundenerlebnis perfekt illustriert. Daher planen viele Unternehmen diese Erlebnisse übergreifend in sogenannten Kundenerlebnisketten, auch »Customer Journeys« genannt. Diese Ketten beschreiben entweder das, was die Kunden momentan mit dem Produkt erleben würden, ließen sie sich mit dem Unternehmen ein, oder sie beschreiben das Idealbild eines Kundenerlebnisses, quasi als übergreifendes Briefing von dem, was entstehen soll. Wo die Designstrategie anhand von Designprinzipien festlegt, *wie* das Produkterlebnis aufgeführt werden soll, ist die Kundenerlebniskette die Beschreibung dessen, *was* aufgeführt werden soll. Hat man beide umfangreich entwickelt, kann man Ist und Soll miteinander vergleichen und so die Entwicklung eines Kundenerlebnisses führen!

Etabliert haben sich die Customer Journeys oder auch Customer Maps schon seit vielen Jahren im sogenannten Service Design, mit Fokus auf die nachgelagerte Servicierung, nämlich die Anreicherung des Kernproduktes mit zusätzlichen Diensten, die das Produkterlebnis stärken. Es gibt einige Unternehmen, welche die Qualität des Kundenerlebnisses an den Berührungspunkten einem rigiden Qualitätstest unterziehen und eigens dafür Qualitätsprüfungen aufgesetzt haben. So können sie im Nachgang erkennen, was sie anders hätten machen sollen.

Das Service Design möchte darum so früh wie möglich eingreifen: Es möchte das Kundenerlebnis, das im Grunde immer auch ein Serviceerlebnis ist, als Ganzes gestalten und eben nicht nur nachgelagert verwalten. Das bedeutet, dass Customer Journeys zu Beginn einer Produktentwicklung als Steuerinstrument eingesetzt werden müssen: Aus der Analyse des Ist-Zustandes werden sie in den gewünschten Soll-Zustand überführt und dienen so als Vorgabe oder Blaupause (Blueprint) – und eben nicht als nachgelagerter Fingerzeig!

Deswegen hat es sich als zielführend erwiesen, im Anschluss an die Entwicklung einer Designstrategie eine umfassende Kundenerlebniskette zu erstellen und diese quasi als »Partitur« für die »konzertante Unternehmensaufführung« zu verwenden. Diese Partitur ist das Resultat aus einem gut geführten und umfassenden Designprozess. Damit sie wirklich umfassend ist, müssen die verschiedenen Spezialisten oder Abteilungen an der Erstellung teilnehmen und bringen so ihre spezifischen Kenntnisse und Anforderungen mit ein – ähnlich wie die Erstellung eines Produktionsplans als Resultat von einem Filmskript.

Das Ziel des Service Design ist, dass jeder immer genau weiß, wohin die eigene (Mit-)Arbeit letztendlich führen soll: Droht jemand aus seiner Rolle zu fallen, zum Beispiel, indem ein Designer seinem eigenen »Style« nacheifert, dann weist ihn die »Partitur« wieder zurecht! Tatsächlich hat die Customer Journey aber nur dann Gewicht, wenn sie tatsächlich vom gesamten Unternehmen getragen und als richtungsweisend autorisiert wird, sprich, wenn sie Teil der Designführung ist!

Gutes Design führt in guten Unternehmen zu einem guten Kundenerlebnis, das die Kunden als solches wahrnehmen und daher entsprechend schätzen. Dann werden sie auf ein gutes Erlebnis positiv reagieren: »Vielen Dank! Sie haben mich offensichtlich verstanden!«

Customer Journey Mapping

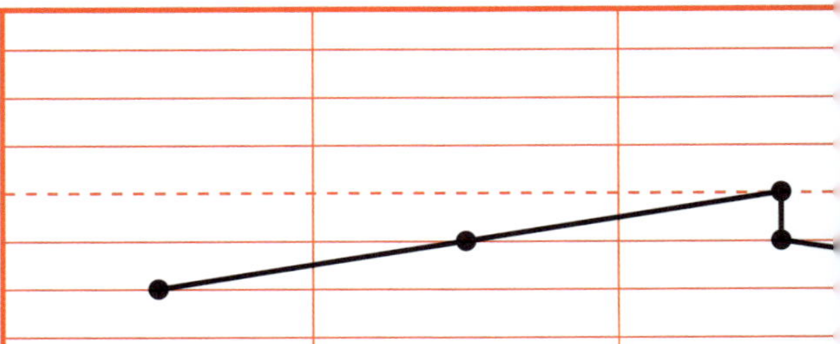

Emotionaler Status der Persona (+ / –) Name Verhalten Emotionen	großes Angebot!	Fachmärkte sind unübersichtlich	alleingelass bei der Wah
Journey Stages	Entdecken	Untersuchen	Auswähle
Kontext: Was erlebt die Persona?	Sandy sucht im Internet nach PC-Zubehör und findet zu viel. Ein Besuch im Shop ist nicht besser, aber sie hat einen Katalog mitgenommen: Leider ist dies nichts für sie…	Freunde raten, sie soll es doch mal im Elektro-Markt versuchen. Zum Glück findet sie einen netten Verkäufer, der sie auf die Produkte von BRAND aufmerksam macht… Das sieht doch schon mal gut aus!	Schnell war alles eine Laptop-Ma und eine Tageta war gekauft. Ste sich heraus, dass online aber einfa gewesen wäre.
Touchpoints Kanal	Print Online	Fachmarkt Anruf Feedback	Print Fachmarkt Online
Führungspotenzial			

Die Kundenreise als Plan: Entweder bildet sie die Realitä ab, oder sie illustriert das Idealbild, quasi als Briefing!

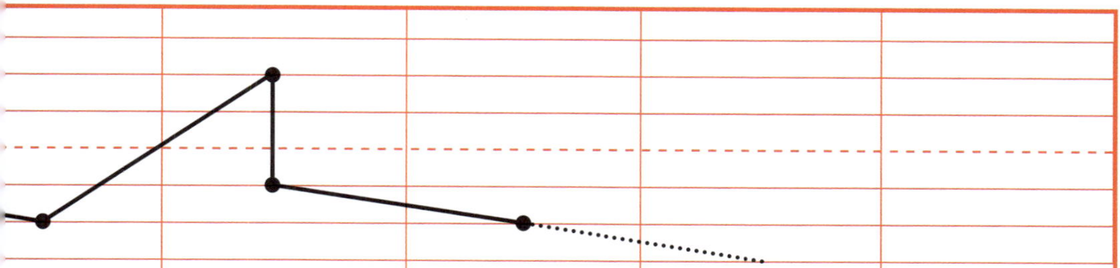

Kauf ist ersönlich	Versand optimal… Auspacken nicht!	Nutzung nicht einfach!		
Kaufen	Transportieren	Nutzen	Upgraden	
op des BRAND es schön auf- rt. Lästig sind Blister Verpa- jen, aber zumin- jehen sie nicht t.	Was ist denn das! Sie bekommt die Verpa- ckung nicht auf und hat sich schon einen Fingernagel einge- rissen! Jetzt muss sie mit einer Schere ran und hat dem Pro- dukt einen Kratzer verpasst…	Und dann die Installa- tion: warum »fluppt« das nicht von selber?! Was soll dieser Dongle?? Na ja, zumindest funktio- niert das Teil gut.		
ımarkt ne	Selber Post / Lieferung	Zuhause Büro	Fachmarkt Online	

Gute Vorlagen findet man bei www.smaply.com

3.10 Die Kür

Die Designwerkzeuge, die ich aufgeführt habe, sind ein Auszug aus vielen Möglichkeiten: Welches Mittel man letztendlich ergreift, um die Ausgestaltung einer Designstrategie durchzuführen, ist auch eine persönliche unternehmerische Entscheidung. Manche Unternehmen wollen die Mittel im eigenen Hause wissen und sorgen dafür, dass alle Kompetenzen vorhanden sind, andere bauen auf die Erfahrung und Fähigkeit von externen Spezialisten.

Solange es eine Designführung gibt, welche die Ausgestaltung im Griff hat, ist es egal, wo das Design Doing erbracht wird und wer es umsetzt. Wichtig bei der effektiven und effizienten Anwendung von Designwerkzeugen ist der Plan, der den Sinn und Zweck widerspiegelt und der die Anwendung führt, nicht zwingend die Qualität der Tools allein.

Ähnliches gilt für die Qualität der Designarbeiten: Viele Unternehmen (und auch Designer) glauben, dass, wenn sie großartiges Design erzeugen, sie damit alles richtigmachen. So manche Wand voller Designauszeichnungen in der Eingangshalle diverser Unternehmen ist Zeuge von einem falschen Fokus aufs Design. So wichtig die Designauszeichnungen für die Anerkennung von gutem Design Doing sind, sagen sie doch letztlich wenig aus über die Qualität des Designs Beings – über das Vermögen eines Unternehmens, seine Identität so zu gestalten, dass das Unternehmen für Kunden beziehungsfähig wird und auch langfristig bleibt!

Die Qualität des Design Being wird von der kritischsten aller Jurys gekürt – es sind die Kunden, die darüber abstimmen. Mit ihrer Entscheidung, das Angebotene weiterzuempfehlen, wiederholt zu nutzen oder zu konsumieren, küren sie das Unternehmen durch die Vergabe der höchsten aller Designauszeichnungen, ihre motivierte Loyalität!

Wenn auch Sie dafür Sorge tragen wollen, dass Ihr Unternehmen in allen Belangen optimal aufgestellt ist, sich im Wettbewerb zu behaupten, dann führen Sie das Design: Sie etablieren ein Designgewissen, ein Design Being, das alle Involvierten so »unternehmerisch disponiert«, dass zu jeder Zeit alles im Sinne des Unternehmens und dessen Beziehung zum Kunden entschieden wird. Auf der Basis dieses Design Being, das sich in der Designstrategie manifestiert, lassen sich über Design Thinking relevante und differenzierende Angebote entwickeln, die Kunden wirklich brauchen. Ihre Kunden erkennen und erleben diese Angebote, weil Sie auch das Design Doing mit gleicher Konsequenz durchführen.

Nur wer so das Design umfassend führt, wappnet sein Unternehmen für eine erfolgreiche Zukunft!

4. Anhang

4.1 Literaturempfehlungen

Obwohl für dieses Handbuch viele Quellen konsultiert wurden, gibt es doch einige, die eine größere Rolle erfüllt haben: Sie beschreiben die gleiche Symptomatik und sind vom Grundgedanken ähnlich inspiriert und daher ergänzend zu dem, was dieses Handbuch vermittelt.

<u>The Designful Company</u>
von Marty Neumeier

Leider nur englischsprachig erhältlich, aber ein wahres Lesevergnügen! Kurz und knackig, mit großartigen Zitaten geschmückt, zeigt Neumeier auf, was es braucht, um ein wahrhaft designhaftes Unternehmen zu führen. Seine anderen Bücher sind ebenfalls sehr empfehlenswert und ein »Muss« im Bücherschrank eines jeden, der Design führen möchte.

<u>Radikal führen</u>
von Reinhard Sprenger

In diesem wichtigen grundlegenden Werk beschreibt Sprenger die Wurzel (lat. Radix) des Unternehmertums und macht klar, dass ein Unternehmen Abhängigkeit und Sinnstiftung bedeutet – und nicht die Leitung von Untergebenen. Auch für Gestalter ist dieses Buch eine Quelle der Inspiration, ist ein Unternehmen doch, laut Sprenger, ein Akt der Gestaltung.

<u>Dynamische Unternehmensentwicklung:</u>
<u>Vom Pionierbetrieb zum schlanken Unternehmen</u>
von Friedrich Glasl

Dass die Organisation eine Dynamik entwickelt, beziehungsweise in sich hat, die zu unterschiedlichen Ausprägungen führt, ist ein faszinierender Gedanke. Auch kann jeder, der solche Dynamik hautnah miterlebt hat, in diesem Buch Hintergründe und Ursachen wiederfinden und einordnen. Wer verstehen will, warum die Organisation bestimmte Eigenschaften entwickelt hat und wie diese sich auswirken, findet bei Glasl wichtige und wegweisende Erkenntnisse.

Design Driven Innovation
von Roberto Verganti

Verganti beschreibt die unterschiedlichen Ausprägungen der Innovation und illustriert, dass designgetriebene Innovationen jene sind, die sich am Markt am besten behaupten: Nicht, weil sie technologisch besser sind, sondern weil sie »sinnvoller« sind, erzeugen sie »Meaning«. Designer sind laut Verganti »Interpreten«, die entgegengesetzt zu klassischen Managern die Fähigkeit haben, sinnvolle von bloß zweckvollen Innovationen zu unterscheiden.

Brand Driven Innovation
von Eric Roscam Abbing

Ähnlich wie Verganti glaubt auch Roscam Abbing, dass designgetriebene Innovation eine Bedingung für den wirtschaftlichen Erfolg ist. Jedoch verknüpft er die Rolle der Marke aktiv mit dem Innovationsprozess. Setzt Vergantis Ansatz noch stark auf die intellektuellen Fähigkeiten eines Spezialisten, so ist der wohl eher niederländische Ansatz, den Roscam Abbing verfolgt, nämlich das Kollektiv, das sich hinter einer Marke verbirgt, als Antrieb zu sehen, fast noch interessanter! Die Fallbeispiele geben einen guten Einblick, wie sich dieser Ansatz entfalten kann.

Erfolgreich als Designer – Designleistungen bewerten und kalkulieren
von Joachim Kobuss und Alexander Bretz

Dieses »Kopfbuch« macht zu Recht den Versuch, relevantes Wissen und Erkenntnisse in die Köpfe von all jenen, die sich mit Designaktivitäten beschäftigen, zu transferieren. Kobuss weiß, aus vielen Jahren Erfahrung, dass Design vor allem mit einem wachen Geist zu tun hat, nebst den (Hand-)Fertigkeiten kreatives Denken in handfeste Resultate zu überführen. Auch wie seine anderen Bücher aus der Reihe »Erfolgreich als Designer« ist dieses Buch nicht nur für Designer gedacht, sondern wird vor allem den »unsichtbaren Designern« viele wichtigen Erkenntnisse bescheren.

designfokus.de
von Jan-Erik Baars

Über die Jahre habe ich meine Erfahrungen als Designer in der Wirtschaft als kleine Anekdoten gesammelt und festgehalten. Teils, um diese Erfahrungen weiterzugeben, aber teils auch als (therapeutische) Maßnahme, um das Geschehene zu reflektieren. Wenn Sie ganz beim Anfang beginnen, entdecken Sie vielleicht, wie sich manche Gedanken festigen und weiterspinnen, bis hin zum Design Being…

4.2 Danke

Seit Jahren versuche ich Design-Studierenden mit einer einfachen und umfassenden Methode dabei zu helfen, ihre Arbeit als Gestalter auf die Belange von Unternehmen und Kunden auszurichten. Sie sollen meiner Meinung nach, ihren Beitrag als Gestalter nicht als gefügige Ausführungsgehilfen leisten, sondern sollten als professionelle Designer mit Hirn und Methode agieren.

Schon in den Neunzigerjahren entstand so die Design Toolbox, die sich über die Jahre, dank Feedback der Studierenden, immer weiter verbesserte. Jenen damaligen Studierenden gilt mein Dankeschön: Ohne sie hätte ich diese Toolbox nur im Kopf – und eben nicht zu Papier gebracht.

Auch Dank gebührt meinen vielen Kollegen und Mitstreitern, die ich über die Jahre hatte. Sie sind immer eine Quelle der Inspiration. Durch die Zusammenarbeit mit ihnen entstehen die wichtigen Impulse und die Reflexionen, die letztendlich zu neuen Erkenntnissen führen. Vor allem war und bleibt meine Zeit bei Philips die lehrreichste: Was für ein Unternehmen!

Anschließend möchte ich mich bei denen bedanken, die mir wichtige Hinweise gegeben haben, dieses Buch in der vorliegenden Form zu präsentieren: Ohne ihre Tipps und Hinweise wäre einiges untergegangen: Claudia, Peter, Joachim, Alex, Philipp, Manfred, Sarah und Jorge – euch speziell vielen Dank!

Ohne die erfrischenden und bohrenden Fragen der Agentur Peng Peng wäre vieles im Skizzenstadium stecken geblieben! Dank ihres Hand- und Denkwerks sind die Methoden »auf den Punkt« gebracht und sind jetzt – so finde ich und hoffentlich auch Sie – auch fürs Auge eine Wohltat!

Zu guter Letzt gebührt der größte Dank Annette, die mit endloser Geduld aus meinem sprachlichen Wirrwarr verständliches Deutsch geformt hat. Ohne sie hätte ich dieses Buch in deutscher Sprache nie verfassen können.

4.3 Über den Autor

Seit 2011 leitet der in den USA geborene Niederländer Jan-Erik Baars den Studiengang Design Management an der Hochschule Luzern, Schweiz. Er ist ein aktiver Entwickler dieses aufstrebenden Berufsbildes und ist bestrebt, über Forschung und Netzwerktätigkeiten das Designmanagement auch im deutschen Sprachgebiet weiterzuentwickeln.

In seinen Forschungsaktivitäten entwickelte er zusammen mit der Hochschule Luzern und der Swisscom den »Customer Centricity Score« eine Methode, die Unternehmen unterstützt, die Kundenzentrierung im Unternehmen zu steigern.

Darüber hinaus ist er Berater und unterstützt Unternehmen in der effektiven und umfassenden Nutzung des Designs.

Bevor er seine Beratungsfirma im Jahre 2011 gründete, war er für das Designmanagement der Deutschen Telekom in Bonn verantwortlich. Er stieß zu Telekom Design im August 2009, nach über 19 Jahren bei Philips, wo er zuletzt die Position des Designs Officer für die Businessgruppe »Peripherals and Accessoires« innehatte. Er begann 1990 bei Philips nach seinem Diplom zum Industriedesigner in Wuppertal und arbeitete dort als Designer und Designmanager.

Seine Designarbeiten erzielten zahlreiche Designauszeichnungen, darunter den Rotterdam Design Award und den IF-Award in Gold.

Er schreibt und spricht zudem aktiv über seine Erfahrungen in der Designwelt und versucht, sowohl das menschzentrierte Gestalten als auch die Anerkennung des Designs als essentielle Unternehmenskompetenz zu fördern. Sie finden seine Gedanken und Erfahrungen aus der Welt des Designs auf dem Blog designfokus.de

4.4 Anmerkungen

1. Pine und Gilmore definieren in ihrem Kultbuch »The Experience Economy« die Progression des ökonomischen Wachstums und beschreiben die sogenannte Experience Economy, die Erlebniswirtschaft: Sie ersetzt die industrielle Wirtschaft und schafft völlig neue Rahmenbedingungen für den Wettbewerb, indem das Kundenerlebnis bestimmend ist.

2. Adam Smith beschrieb im ersten Kapitel seines 1776 erschienenen Werks »The Wealth of Nations« den Begriff »Arbeitsteilung«. Er überschrieb dieses Kapitel mit »The division of labour« und setzte damit ein Schlagwort in Umlauf, das für Volkswirtschaft wie Naturwissenschaft gleichermaßen Bedeutung erlangte. Letztendlich läutete es die Entstehung der nach Aufgaben unterteilten Organisation ein, die wir heute als Silo-Organisation kennen.

3. Friedrich Glasl arbeitete von 1967 bis 1985 an dem von Bernard Lievegoed gegründeten Institut für Organisationsentwicklung (NPI) in den Niederlanden. Glasl und Lievegoed waren in ihrem Denken und Handeln von der Anthroposophie Rudolf Steiners sowie von systemischen Deutungs- und Steuerungsmodellen beeinflusst. Es war zunächst Lievegoed, der ein systemisch-evolutionäres Geschehen dynamischer Organisationsentwicklung in drei Phasen darstellte und veröffentlichte. Glasl erweiterte dieses Modell dann später um eine vierte Phase: 1. Pionierphase, 2. Differenzierungsphase, 3. Integrationsphase, 4. Assoziationsphase.

4. Berührungspunkte, sogenannte Customer Touch Points, sind jene Aspekte, die ein Kunde in der Interaktion mit einem Unternehmen erlebt. Dies können Aspekte der Werbung sein, Kommunikation im Web oder Interaktionen von Mitarbeitenden direkt mit dem Kunden, aber auch Elemente des Produkterlebnisses, wie Inbetriebnahme und Service. Alle Touch Points haben aus Kundensicht letztendlich denselben Stellenwert.

5. Herbert Simons Zitat aus seinem Werk »Die Wissenschaften vom Künstlichen« wird umfassend als die maßgebliche Definition des Designs angesehen. Es beschreibt Design als Teil eines Entscheidungsvorgangs, nicht bloß als reines »Gestalten«. Für Simon ist Design der bewusste Eingriff in die Geschicke, um diese zum Besseren zu ändern.

6. Eine Fokusgruppe ist eine Ansammlung von Testpersonen, die man einsetzt, um Konzepte auf ihre Markt- und Kundentauglichkeit zu beurteilen. Befragt werden diese Testpersonen meist anhand von Fragebögen oder man lässt sie zu Themen diskutieren, dann aber unter Beobachtung der Entwickler und Produktmanager zum Beispiel über Kameras oder hinter verspiegelten Fenstern. Ja, dies hat die Anmutung von »Big Brother«...

7. Die Design-Thinking-Methode basiert auf der Annahme, dass Probleme besser gelöst werden können, wenn Menschen unterschiedlicher Disziplinen in einem die Kreativität fördernden Umfeld zusammenarbeiten, gemeinsam eine Fragestellung entwickeln, die Bedürfnisse und Motivationen von Menschen berücksichtigen und dann Konzepte entwickeln, die mehrfach geprüft werden. Das Verfahren orientiert sich an der Arbeit von Designern, die als eine Kombination aus Verstehen, Beobachtung, Ideenfindung, Verfeinerung, Ausführung und Lernen verstanden wird. Entwickelt wurde die Methode an der Stanford Engineering University/USA von u.a. Larry Leifer und David Kelley. Als Ingenieure haben sie sich Designpraktiken bedient, um menschzentrierte Lösungen zu entwickeln.

8. Das Human Centered Design entstand in den Neunzigerjahren als Terminus und wurde zusehends von Theoretikern und Praktikern weiter interpretiert. Es geht primär darum, die Entwicklung von (technischen) Produkten auf menschliche Bedürfnisse auszurichten, anstatt sie rein auf die technische Nutzbarkeit hin zu konzipieren. Als Designmethode wurde HCD u.a. von der Designfirma IDEO etabliert.

9. Das dänische Stufenmodell für Design wurde 2001 entwickelt, um die verschiedenen Entwicklungsstufen der Designmaturität in Unternehmen abzubilden. Das Modell basiert auf der Hypothese einer Korrelation zwischen höherer Rendite und der explizit strategischen Position des Designs in der Unternehmensstrategie. In einer Studie von 2003 wurde dies belegt. (http://danskdesigncenter.dk/en/design-ladder-four-steps-design-use) Inzwischen gibt es weitere ähnliche Modelle wie die des Design Management Institute zu Boston, das den Design Value Index publizierte (www.dmi.org).

10. In ihrem Buch »Managing as Designing« untersuchen die Herausgeber Richard Boland und Fred Collopy die sogenannte »design attitude«, eine neue Orientierung für Analyse und Entscheidungsfindung im Design und in der Architektur. Die Prämisse des Werkes ist, dass Manager sich nicht nur als »Entscheider« gebärden sollen, sondern auch als »Gestalter«. Anhand der präsentierten Aufsätze zeigen sie auf, dass Entscheiden und Gestalten miteinander im Management vereint sind und dass diese beiden Aspekte im Gleichklang stehen sollten.

11. Das Business Model Canvas von Alexander Osterwalder ist eine Methode, die anhand eines Plans die Entwicklung und Beschreibung eines Geschäftsmodells leitet. Die visuelle Erfassung der Wertschöpfung umfasst die nötige Infrastruktur, die Kundenanforderungen und Finanzen und unterstützt Unternehmen in der Erkundung von Geschäftspotenzial. Hinweise zur Gestaltung dieses Potenzials liefert die Methode jedoch nicht.

12. Schnelldrehende Produkte, auch Fast Moving Consumer Goods (FMCG) genannt, sind Waren, die schnell im Verkaufsregal wechseln beziehungsweise rotieren. Darunter fallen Konsumgüter des täglichen Bedarfs, wie Nahrungsmittel, Körperpflegeprodukte, Reinigungsmittel etc., die Konsumenten häufig (z. B. wöchentlich), spontan, in der Regel routiniert und ohne lange zu überlegen einkaufen.

13. Das Fan-Prinzip beschreibt, wie sich der wirtschaftliche Erfolg von Unternehmen und Organisationen wirksam steigern lässt, indem die Mechanismen von Fan-Beziehungen systematisch im Kundenbeziehungsmanagement von Unternehmen angewendet werden. Das Fan-Prinzip überträgt dabei die Eigenschaften von Fans aus Sport, Musik und Kunst auf Kundenbeziehungen.

14. Gegenüber der eigentlichen Verkaufsförderung, die sich mit der Unterstützung des Verkaufs von Produkten und Leistungen befasst (Werbung!), grenzt sich das Merchandising dadurch ab, dass hier eine eigene Wertschöpfung erzielt wird. Die Palette der Merchandising-Angebote sind vielfältig: Sammelalben, Computerspiele, Sammelartikel, wie Klebebildchen oder Gebrauchsartikel, wie Tassen, Schlüsselanhänger oder Kleidungsstücke (insbesondere T-Shirts, Trikots, Sweatshirts) usw. Wenn die Vermarktung nicht selbst vorgenommen wird, sondern mittels Lizenzvergabe durch andere erfolgt, spricht man von Lizenzierung.

15. Mit dem Design des Modells »Scorpio« erzeugte Ford 1994 viel Aufregung, allerdings negativer Art: Es wurde und wird von vielen als das hässlichste Autodesign bezeichnet und tatsächlich brach der Umsatz der Marke in Europa daraufhin ein. »Hässlichkeit verkauft sich nicht!«

16. Schlecker meldete 2011 Konkurs an, nachdem es jahrelang die größte Drogeriekette Europas war. Den Staffelstab übernahm Mitbewerber dm, der mit einer ausgeprägten Fokussierung auf das Kundenerlebnis genau das Gegenteil von Schleckers« Firmenphilosophie verkörpert. Schlecker stand aufgrund seiner Arbeitsbedingungen in der Kritik von Gewerkschaften: So war in den Läden bisweilen nur eine einzige Arbeitskraft anwesend. Größter Kritikpunkt der Kunden war allerdings die Abwesenheit eines Einkauferlebnisses.

17. Der Gründer und Chef der Marke Virgin, Richard Branson, litt laut eigener Aussage unter Legasthenie und hatte während seiner Schulzeit sehr schlechte Noten. So sagte ihm sein Schuldirektor an seinem letzten Schultag, er werde entweder im Gefängnis enden oder Millionär werden. Bekannt wurde Branson vor allem durch seine halsbrecherischen Aktionen mit schnellen Booten und Flugzeugen, womit er seine Firmenphilosophie festigte: »The Virgin Way« ist vor allem geprägt von Nonkonformismus und Opportunismus. Das Firmenimperium Branson umfasst neben Handel in Medien auch Fluglinien, Banken und Unterhaltung – ein Tausendsassa halt!

18. Luigi Colani (* 2. August 1928 in Berlin-Friedenau, eigentlich Lutz Colani) ist ein deutscher Designer, der vor allem durch aerodynamische und amorphe, also organisch anmutende Formen für Autos, Flugzeuge und Konsumgüter bekannt geworden ist. Colani bestimmte vor allem in den Achtzigerjahren das Bild des kreativen Designers, der mit flotten Sprüchen und noch flotteren Entwürfen Aufsehen erregt. Dem Typus des Designautors, der im Zentrum einer Designstrategie steht, entsprach er perfekt, ebenso wie später Philippe Starck, Karim Rashid oder Marc Newson. Jedoch schwindet der Stellenwert der Designautoren merklich, wohl auch, weil Unternehmen vermehrt ihr Design auf der Basis ihrer eigenen Identität selbst führen!

19. Customer Journeys, oder auch Kundenreisen, sind meist grafische Abbildungen einer Kette von Aktivitäten oder Interaktionen, die ein Kunde durchläuft, wenn dieser sich mit dem Gebrauch eines Produktes oder einer Dienstleistung auseinandersetzt. Dies umfasst idealerweise auch die Aktivitäten vor und nach dem Gebrauch.

20. Carl G. Jung war ein Schweizer Psychiater und der Begründer der Analytischen Psychologie. Er wirkte auf vielen Gebieten und beschäftigte sich vor allen mit der Persönlichkeitsstruktur und eben den sogenannten Archetypen menschlicher Charakteristik. Nach Jung sind Archetypen universell vorhandene Strukturen in der Seele aller Menschen, unabhängig von ihrer Geschichte und Kultur. Sie können sich im Einzelnen und in Gesellschaften unterschiedlich realisieren. Aufbauend auf diesen Annahmen entwickelten andere Wissenschaftler Charaktermodelle, die Varianten eines Archetyps beschreiben, so auch die von Mark und Pearson, die in diesem Buch verwendet wurden. Archetypen bilden meist die Grundlage zur Entwicklung von Markenpersönlichkeiten.

21. Ähnlich der Produktpositionierung beabsichtigt die Markenpositionierung die Schaffung einer möglichst unverwechselbaren, erfolgsträchtigen Stellung beim Kunden im Verhältnis zum Wettbewerb. Während sich die Produktpositionierung auf produktpolitische Maßnahmen konzentriert (Produktnutzen), werden bei der Markenpositionierung auch die anderen Marketinginstrumente (Kommunikations-, Distributions-, Service- und Preispolitik) in die Betrachtung miteinbezogen. Quelle: Gabler Wirtschaftslexikon.

22. Der Customer Centricity Score ist ein Instrument, das den Grad der Kundenzentrierung in Organisationen ausweist. Als solches erlaubt er, die Beschaffenheit der Organisation zu beschreiben, und zeigt auf, wo es Felder der Kundenfokussierung gibt und wo nicht. Im Kern ist der CCScore mit dem Maturitätsmodell dieses Buches vergleichbar: Misst man den CCScore, so misst man auch, inwiefern eine Organisation vermag, sich grundsätzlich auf ein zentrales Thema auszurichten.

23. Ein Styleguide (oder zu Deutsch Gestaltungsrichtlinie) ist eine Richtlinie, die gewährleisten soll, dass die verschiedenen Kommunikationsmittel einer Institution oder Firma ein einheitliches Erscheinungsbild erzeugen und so die Bildung einer Corporate Identity (Firmenidentität) ermöglichen.

24. Dieter Rams (* 20. Mai 1932 in Wiesbaden) ist ein deutscher Industriedesigner der Moderne. Ziel seiner Entwürfe war stets die Klarheit der Form, die Materialgerechtigkeit und einfache Bedienbarkeit. Seit 1955 war Rams für den Elektrogeräte-Hersteller Braun tätig, zuerst als Architekt und Innenarchitekt, von 1961 bis 1995 als Leiter der Formgebung. Rams arbeitete auch als Möbeldesigner, ab 1957 für die Firma Otto Zapf, die kurz darauf erst in Vitsoe + Zapf umbenannt wurde. Hier verfasste er erstmalig die Thesen guten Designs. Inzwischen gilt die Designsprache von Rams als wegweisend für jene von Apple (und vielen anderen) – es finden sich viele Reminiszenzen an Rams im Design der Apple-Produkte.

25. Der Vorteil einer derartigen Vorgehensweise in der Kundensegmentierung liegt in der recht einfachen Datenbeschaffung. Von zahlreichen staatlichen und privaten Institutionen werden statistische Daten über Alter, Geschlecht, Haushaltsgröße, Beruf, Bildung und dergleichen mehr angeboten. Darüber hinaus sind diese persönlichen Elemente, die mit der spezifischen Lebenssituation des einzelnen Menschen in Verbindung gebracht werden können und dementsprechend eine mögliche Ausformung des Käuferverhaltens aufzeigen, gut selbst beobachtbar. Die soziodemografische Segmentierung ist für eine grobe Strukturierung des Marktes gut geeignet. Mehr als Leitvorstellungen kann dieses System in der Regel allerdings nicht vermitteln. Quelle: handelswissen.de

26. Die »Voice of the Customer« (VoC) ist eine Methode zum Verständnis der Kundenbedürfnisse, die oft im Rahmen einer Befragung erhoben wird. Dabei wird mit der VoC die »Stimme des Kunden« eingeholt, indem Kunden vertieft nach ihren Wünschen, Erwartungen und Vorstellungen befragt werden. Die Ergebnisse werden anschließend für die weitere Verwendung hierarchisch zugeordnet. Die VoC gehört zu den Standardwerkzeugen des Six Sigma und des NPS.

4.5 Literatur

- Abbing, E. (2010). Brand-driven Innovation strategies for development and design. Lausanne: AVA Pub.
- Aaker, D. A., Stahl, F., & Stöckle, F. (2015). Marken erfolgreich gestalten: die 20 wichtigsten Grundsätze der Markenführung. Wiesbaden: Springer Gabler.
- Baars, J-E., & Brandenburg, A., & Engl, S. (2014) Der Customer Centricity Score. Luzern
- Baars, J-E. (2017): Wie bereite ich die Organisation für den neuen Mindset vor?, in: Lewrick, L., et al. (Hrsg.): Das Design Thinking Playbook, Luzern.
- Becker, R., & Daschmann, G. (2016). Das Fan-Prinzip Mit emotionaler Kundenbindung Unternehmen erfolgreich steuern. Wiesbaden: Springer Fachmedien Wiesbaden GmbH.
- Best, K. (2006). Design management managing design strategy, process and implementation. Lausanne, Switzerland: AVA Academia
- Boeijen, A. (2013). Delft design guide. Design methods. Amsterdam: Uitgeverij Bis.
- Boland, R. J. (2008). Managing as designing. Stanford, CA: Stanford Business Books.
- Brenner, W., & Uebernickel, F. (2015). Design Thinking: das Handbuch. Frankfurt am Main: Frankfurter Allgemeine Buch.
- Brown, T., & Tz, B. (2009). Change by design: How design thinking transforms organizations and inspires innovation. New York: Harper Business.
- Collins, J. (2001). Good to great: Why some companies make the leap – and others don't. New York, NY: HarperBusiness.
- Cooper, R. (n.d.). The handbook of design management (English ed.).
- Dietz, K., & Kracht, T. (2016). Dialogische Führung Grundlagen – Praxis – Fallbeispiel: dm-drogerie markt. Frankfurt: Campus.
- Drucker, P. F. (2014). Die fünf entscheidenden Fragen des Managements. Weinheim: Wiley-VCH.
- Drucker, P. F. (1993). Die ideale Führungskraft. Düsseldorf: Econ-Verlag.
- Drucker, P. F. (2014). The Effective Executive: Effektivität und Handlungsfähigkeit in der Führungsrolle gewinnen. München: Vahlen.
- Erbeldinger, J., & Ramge, T. (2013). Durch die Decke denken: Design Thinking in der Praxis (1. Aufl. ed.). München: Redline-Verl.
- Ford, H. (1923). Mein Leben und Werk. Leipzig.
- Glasl, F., & Lievegoed, B. (1993). Dynamische Unternehmensentwicklung: Wie Pionierbetriebe und Bürokratien zu schlanken Unternehmen werden. Bern: Haupt.

- Glasl, F. (2008). Professionelle Prozessberatung: Das Trigon-Modell der sieben OE-Basisprozesse (2., überarb. und erg. Aufl. ed.). Bern: Haupt.
- Hasper, W. J., & Glasl, F. (1988). Von kooperativer Marktstrategie zur Unternehmensentwicklung. Bern: Freies Geistesleben /KNO.
- Hensel, D. (2015). Understanding Branding Strategie- und Designprozesse verstehen und anwenden (1. Aufl. ed.). München: Stiebner.
- Heufler, G. (2004). Design-Basics: Von der Idee zum Produkt. Sulgen: Niggli.
- Kobuss, J., & Hardt, M. B. (2012). Designzukunft denken und gestalten. Basel: Birkhäuser.
- Kobuss, J., & Bretz, A. (2017). Designleistungen bewerten und kalkulieren. Boston: Birkhäuser.
- Kotler, P., Armstrong, G., Saunders, J., & Wong, V. (2002). Grundlagen des Marketing. Bonn: Addison-Wesley.
- Mark, M., & Pearson, C. S. (2006). The hero and the outlaw: building extraordinary brands through the power of archetypes. New York: McGraw-Hill.
- Mintzberg, A. D. (1991). Managing the Form, Function, and Fit of Design. Design Management Journal.
- Mintzberg, H. (2012). Managen. Augsburg: Jokers-Ed.
- Moggridge, B. (2007). Designing interactions. Cambridge, Mass.: MIT.
- Mozota, B. B. (2008). Design management: using design to build brand value and corporate innovation. New York, NY: Allworth Press.
- Neumeier, M. (2006). The brand gap: How to bridge the distance between business strategy and design: A whiteboard overview (Rev. ed.). Berkekley, CA: New Riders.
- Neumeier, M. (2007). Zag: The number-one strategy of high-performance brands: A whiteboard overview. Berkeley, Calif.: AIGA
- Neumeier, M. (2009). The designful company: How to build a culture of nonstop innovation: A whiteboard overview. Berkeley, CA: New Riders.
- Olins, W. (2008). Wally Olins: The brand handbook. London: Thames & Hudson.
- Olins, W. (2003). On Brand. London: Thames & Hudson
- Osterwalder, A., & Pigneur, Y. (n.d.). Business model generation: A handbook for visionaries, game changers, and challengers.
- Osterwalder, A. (2015). Value Proposition Design Entwickeln Sie Produkte und Services, die Ihre Kunden wirklich wollen. Die Fortsetzung des Bestsellers Business Model Generation! (1. Aufl. ed.). Frankfurt am Main: Campus.
- Reichheld, F. F. (1997). Der Loyalitäts-Effekt: die verborgene Kraft hinter Wachstum, Gewinnen und Unternehmenswert. Frankfurt/Main: Campus-Verl.

- Simon, H. A. (2008). The sciences of the artificial. Cambridge, Mass.: MIT Press.
- Sinek, S., & Gonsa, C. (2016). Frag immer erst: warum: wie Topfirmen und Führungskräfte zum Erfolg inspirieren. München: Redline Verlag.
- Sprenger, R. K. (2012). Radikal Führen. Frankfurt am Main: Campus.
- Stickdorn, M., & Schneider, J. (n.d.). THIS IS SERVICE DESIGN THINKING: Basics, Tools, Cases.
- Taylor, C. (2016). Oops! Innovation ist kein Zufall. Burgdorf: Schreibstube Esther Volz.
- Verganti, R. (2009). Design-driven innovation: changing the rules of competition by radically innovating what things mean. Boston, MA: Harvard Business Press.
- Werner, G. (2013). Womit ich nie gerechnet habe: Die Autobiographie. Berlin: Econ.
- Walton, T., & Lockwood, T. (2008). Building design strategy: using design to achieve key bussiness objectives. New York: Allworth.
- Wheeler, A. (2003). Designing brand identity: A complete guide to creating, building, and maintaining strong brands. Hoboken, NJ: John Wiley.

Aus dem Internet:

- »Customer Centricity – Kundenorientierung aus Überzeugung«. (n.d.). Mark Rev St. Gallen Marketing Review St. Gallen, 4-7.
- https://www.nasa.gov/sites/default/files/atoms/files/nasa_graphics_manual_nhb_1430-2_jan_1976.pdf
- http://www.designcouncil.org.uk/news-opinion/design-process-what-double-diamond
- http://wirtschaftslexikon.gabler.de/Archiv/10427/markenpositionierung-v7.html
- http://www.handelswissen.de/data/themen/Marktpositionierung/Zielgruppe/Zielgruppenfaktoren/soziodemographische
- https://thinking-design.de/cultural-probes
- https://www.trainingsmanufaktur.de/wissenswertes/glossar/voice-of-the-customer-voc
- http://www.designwissen.net/seiten/10-thesen-von-dieter-rams-ueber-gutes-produktdesign
- http://danskdesigncenter.dk/en/design-ladder-four-steps-design-use

4.6 Sachindex

4.7 Namensindex